FEDERN

UND IHRE SCHNELLE BERECHNUNG

von

CAMILLE REYNAL

Ingenieur

*

Nach der zweiten Auflage
aus dem Französischen übersetzt von
Ingenieur C. Koch

*

Mit 41 Abbildungen,
14 graphischen Darstellungen und 12 Tabellen

Springer-Verlag Berlin Heidelberg GmbH
1929

Ursprünglich erschienen bei Otto Spamer, Leipzig 1929
Softcover reprint of the hardcover 1st edition 1929

ISBN 978-3-662-33602-1 ISBN 978-3-662-34000-4 (eBook)
DOI 10.1007/978-3-662-34000-4

Vorwort des Verfassers.

Im vorliegenden Buche werden die bekannten Theorien für die Herstellung der Federn nur kurz berührt, während in der Hauptsache zwei Grundprinzipien verfolgt wurden:

1. Höchstmögliche Ausschaltung von Fehlern in den Berechnungen und höchstmögliche Zeitersparnis bei Berechnung und Auswahl der Federn durch Anwendung graphischer Darstellungen der wichtigsten Formeln;
2. Feststellung und Studium der verschiedenen Einflüsse, deren Nichtbeachtung dazu führen kann, daß man die nach den Hauptformeln ausgeführten Berechnungen wegen großer Abweichungen von den Ergebnissen der Praxis verwirft.

Auch war ich bemüht, namentlich für Spezialfedern von besonderer Empfindlichkeit, die Konstruktionsbedingungen und Arbeitsweisen festzulegen, worüber in den Handbüchern selten brauchbare Angaben zu finden sind.

Ich hoffe, daß diese Betrachtungen dem Praktiker von Nutzen sein werden.

Inhaltsverzeichnis.

Vorwort III

Erstes Kapitel.

Blattfedern oder Federn mit geschichteten Blättern.

Allgemeines über Verwendung und Herstellung 1
Beanspruchung. Stärke und Biegsamkeit. Theoretische Formeln 5
Schnelle Berechnungsmethode mit Hilfe graphischer Darstellungen 7
Formbestimmung der Feder 13
Aufgenommene und aufgespeicherte Arbeit oder halbe lebendige Kraft 14
Nützliches Gewicht der Blattfedern 14
Beispiel einer schnellen Berechnung einer Blattfeder vermittels der graphischen Darstellung 16
Empfindlichkeitsgrad der Blattfedern 19
Besondere Arten von Blattfedern:
Unsymmetrische Federn 23
Auslegerfedern (Dreivierteifedern). 27
Federn mit starker Krümmung 29
Halbmesser, Sehnen und Bogenhöhen (Tabelle) 31

Zweites Kapitel.

Gewundene Federn für Zug, Druck und Stoß.

I. Zylindrische Schraubenfedern.

Allgemeines über Verwendung und Herstellung 34
Schraubenfedern aus rundem Draht 34
Verdrehung der Prismen 35
Schraubenfedern aus Draht von beliebigem Querschnitt . . . 38
Graphische Darstellung für zylindrische Schraubenfedern . . . 40
Verbrauchte und aufgespeicherte Arbeit oder halbe lebendige Kraft 42
Nützliches Gewicht der zylindrischen Schraubenfedern 44
Vergleich zwischen Stärke und Biegsamkeit der Schraubenfedern 44
Raumbedarf der Federn. 46
Schnelle Berechnungsmethode für zylindrische Schraubenfedern 48
Beispiele für die Berechnung von Schraubenfedern. 52

II. Kegelfedern oder konische und parabolische Schraubenfedern.

Allgemeines 59
Konische Schraubenfeder mit konstantem Gang 62
Konische Schraubenfeder mit konstantem Steigungswinkel . . 64

Parabolische Schraubenfeder mit konstantem Steigungswinkel. 66
Formänderungen der Federn unter verschiedenen Belastungen. 70
Aufgenommene und aufgespeicherte Arbeit oder halbe lebendige Kraft 72
Vergleich der Stärke und Biegsamkeit bei zylindrischen, konischen und parabolischen Schraubenfedern 72
Gewicht der konischen und parabolischen Schraubenfedern . . 73
Tabelle: Konische und parabolische Schraubenfedern für Zug, Druck und Stoß 74
Berechnung der konischen und parabolischen Schraubenfedern vermittels graphischer Darstellungen 75
Berechnungsbeispiele 76

III. Allgemeine Bemerkungen über Schraubenfedern für Zug, Druck und Stoß.

Formänderung der Feder durch die Verdrehung 80
Totaler Verdrehungswinkel 83

Drittes Kapitel.

Gewundene Biegungsfedern.

Spiralfedern. Schraubenfedern. Federn mit beliebiger Aufwicklung 89
Aufgenommene und aufgespeicherte Arbeit oder halbe lebendige Kraft 93
Tabelle: Gewundene Biegungsfedern 94
Nützliches Gewicht der gewundenen Biegungsfedern 95
Verschiedene Anwendungen. Graphische Darstellungen 96
Berechnungsbeispiele 101

Viertes Kapitel.

Vielfache Federn.

Verwendung 109

I. Vielfache Federn für Zug, Druck und Stoß.

Vielfache Schraubenfedern 109
Gewicht der vielfachen Federn 110
Vielfache Federn mit rundem Querschnitt: Gleichmäßige Beanspruchungsbedingungen. Vergleichung der Kräfte. Geringster Raumbedarf. Zahl der Elemente 111
Vielfache Federn mit quadratischem, rechteckigem oder elliptischem Querschnitt 116
Berechnungsbeispiel 116

II. Vielfache Biegungsfedern.

Allgemeines 118
Theoretisches Gewicht 120
Vielfache Federn mit rundem Querschnitt. Gleiche Beanspruchung 120
Kleinster Raumbedarf 121
Anzahl der Elemente 122
Vielfache Federn mit quadratischem, rechteckigem oder elliptischem Querschnitt 123
Berechnungsbeispiel 123

Fünftes Kapitel.

Wirkungen der Ausdehnung oder Entspannung der Federn.

Einfache gradlinige Bewegung 130
Geradlinige und gleichzeitige Drehbewegung. 132
Formeltabelle und graphische Darstellungen. 136
Einfluß der eigenen Masse auf die Ausdehnung 140
Berechnungsbeispiel 142

Sechstes Kapitel.

Allgemeine Bemerkungen über gewundene Federn und Schlußfolgerungen.

Formänderung des Querschnittes. 145
Bruch und neuer Zustand des Metalls nach der Herstellung auf kaltem Wege 146
Vergleich der Gewichte der verschiedenen Federarten 147
Einige Werte und praktische Angaben über die in der Federherstellung verwendeten Metalle. 149

Erstes Kapitel.

Blattfedern oder Federn mit geschichteten Blättern.

Die Blattfedern sind gewöhnlich aus Blättern von verschiedenen Längen zusammengesetzt, und zwar derartig, daß sie sich soviel wie möglich einem Körper von gleichem Widerstande nähern.

Wenn die Blätter dieselbe Dicke haben, so gleicht eine Feder, die theoretisch die Form eines Körpers von gleichem Widerstande gegen Biegung hat, bei gleichförmigen Schichtungen der Abb. 1.

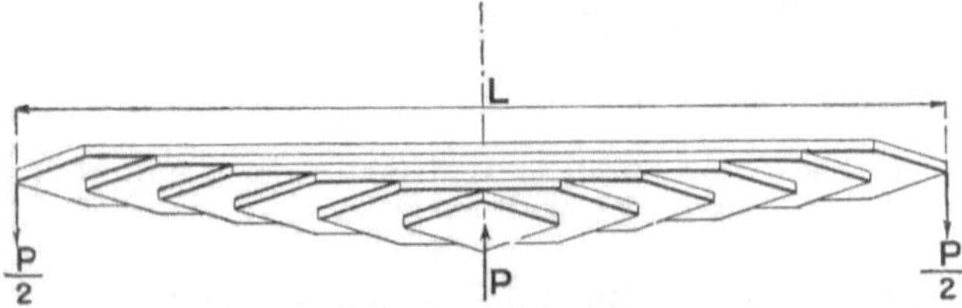

Abb. 1. Feder mit gleichem Widerstande mit Blättern gleicher Dicke.

Sind die Blätter von verschiedener Dicke, so ist die theoretische Form der Feder wie in Abb. 2. Die verschiedenen Längen der Blätter sind dann so, daß sie dem Quadrat der Dicken der betreffenden Lagen proportional sind. Diese Längen können dann so gelegt werden, wie es in der Abb. 2 angegeben ist.

In beiden Fällen sieht man also, daß in irgendeinem Schnitte das Widerstandsmoment des ganzen Schnittes, welches gleich der Summe der Widerstandsmomente der verschiedenen geschnittenen Blätter ist, dem Biegungsmomente proportional ist.

Die Beanspruchung in bezug auf Biegung allein ist also theoretisch in allen Punkten gleich für die von der neutralen Faser entferntesten Fasern in jedem Blatte.

Nach der allgemeinen Formel des Biegungsmomentes ist

$$M = EI\left(\frac{1}{\varrho} - \frac{1}{\varrho_0}\right)$$

in welcher

ϱ_0 der Anfangsbiegungshalbmesser vor der Formänderung ist,

ϱ_1 der Biegungshalbmesser der Kurve, die durch den Angriff des Kräftepaares M entstanden ist,

und hierbei wird die neutrale Faser für jede Formänderung die Form eines Kreisbogens annehmen.

Wenn die ursprüngliche Form, anstatt gerade zu sein, schon nach einem Kreisbogen gebogen ist, so werden weitere Formänderungen gleichförmige Krümmungen haben, jedoch unter

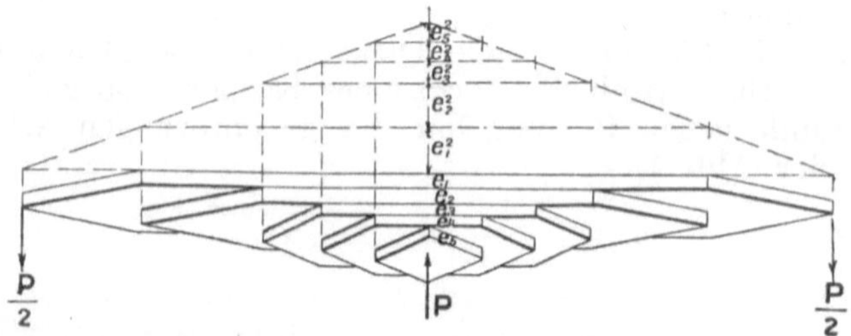

Abb. 2. Feder von gleichem Widerstande mit Blättern von verschiedener Dicke.

der Bedingung, daß der Biegungshalbmesser groß genug ist, um annehmen zu können, daß die Feder nur Biegungsmomenten ausgesetzt ist.

In der Praxis behält das längste Blatt oder das Hauptblatt seine Breite bis an die Enden, denn der Querschnitt in jedem Punkte muß genügend sein, um der Quer- oder Scherkraft zu widerstehen.

Es ist auch mitunter nötig, das Hauptblatt durch ein oder mehrere Blätter bis zu den Stützpunkten zu verstärken, wenn die angreifenden Kräfte so groß sind, daß der einfache Querschnitt nicht genügend stark ist. Mit Rücksicht auf etwaige seitliche Kräfte, welche meistens bei den praktischen Anwendungen auftreten, ist es notwendig, für dieses Blatt mit einer weit geringeren Beanspruchung zu rechnen als die, welche man als normal annimmt.

Man entfernt sich daher von der theoretischen Form eines Körpers von gleichem Widerstande, was zur Folge hat, daß die aufeinander folgenden Kurven sich etwas verändern, aber nur in geringen Maßen.

In den gewöhnlichen Fällen braucht man bei Federn mit Blättern mit rechteckigem Querschnitte den Angriff der Querkraft auf die Feder in der Praxis nur an den Enden zu berechnen, wo das Biegungsmoment gleich Null ist.

Die Querkraft verteilt sich derart auf den Querschnitt des Blattes, daß die größte Beanspruchung auf der neutralen Faserschicht stattfindet, und hier ist sie dann einundeinhalbmal stärker, als wenn die Querkraft über die ganze Fläche des Schnittes regelmäßig verteilt wäre[1]).

Dieser Umstand muß immer in Betracht gezogen werden, aber namentlich bei Federn, bei welchen die Enden der Blätter geschwächt sind, z. B. durch ein Loch, wie bei den Gleitfedern.

Wenn das oberste Blatt an den Enden in Form von gerollten Augen umgebogen ist, so hat dieses Blatt allein der Querkraft Widerstand zu leisten. Eine Verlängerung der Verstärkungsblätter über die Stützpunkte hinaus würde zwecklos sein.

---

[1]) Wir bringen hier die Lehrsätze über die Biegung und über die Bestimmung der Querkraft in Erinnerung und ebenso die Gesetze, nach welchen sich die Querkraft in irgendeiner Schnittfläche verteilt.

1. Die Querkraft in irgendeinem Punkte eines geraden Trägers (dessen Querschnitt eine symmetrische Achse hat) unter der Belastung von in der symmetrischen Fläche gelegenen und zur neutralen Faser winkelrechten Kräften ist in absolutem Werte gleich dem Differential des Biegungsmomentes in diesem als Abszisse betrachteten Punkte, wenn die Längsachse des Trägers als Abszissenachse betrachtet wird.

Dieser Lehrsatz ist richtig, wenn die Kräfte, ohne winkelrecht zu der neutralen Faser zu sein, ihren Angriffspunkt auf derselben haben.

Er ist auch noch richtig für gebogene Träger, unter der Bedingung, daß die Entwicklung der neutralen Faser als Abszissenachse benutzt wird.

2. Die Querkraft verteilt sich in irgendeinem Schnitte derartig, daß die Fasern in der Entfernung v_0 von der neutralen Faser einer Spannung für die Flächeneinheit zu ertragen haben:

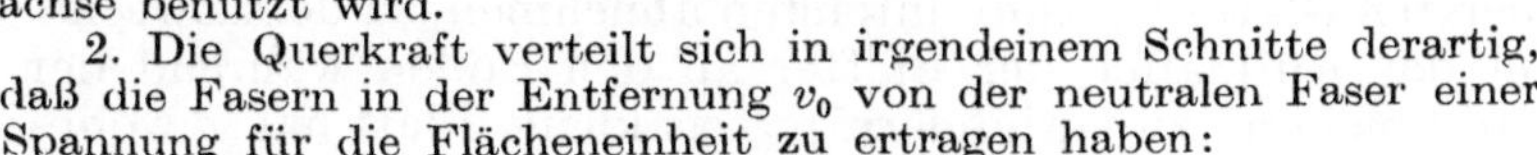

$$R'' = \frac{Q}{I \cdot a} \int_{v_0}^{v} v_1 \cdot d\omega .$$

Diese Spannung für die Flächeneinheit ist Null für $v_0 = v$ (äußerste Faser) und Maximum für $v_0 = 0$ (neutrale Faser).

Der Wert $r\int_{v_0}^{v} v_1, d\omega$ gibt das Moment für den Teil der Fläche s, bezogen auf die Achse xx, an, die durch den Schwerpunkt geht.

In der Praxis sind die geschichteten Blätter entweder gerade abgeschnitten (Abb. 3) oder in Trapezform (Abb. 4) oder in parabolischer Form (Abb. 5) zugeschärft.

Und schließlich, damit sich die Feder so viel als möglich einem Körper von gleichem Widerstande nähert, schärft man die Blätter an den Enden und auf der Länge des überstehenden Teiles des Blattes allmählich zu.

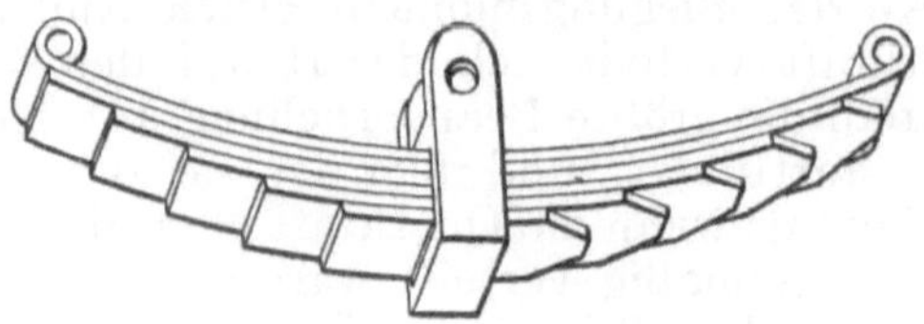

Abb. 3. Blätter mit rechteckigen Enden. Abb. 4. Blätter mit trapezförmigen Enden.

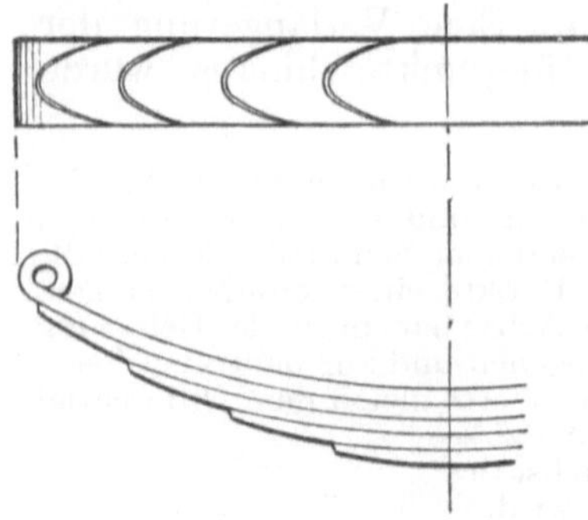

Abb. 5. Blätter mit parabolisch geformten Enden.

Die Blattfedern erhalten bei der Ausführung gewöhnlich eine größere Krümmung, als wie die voraussichtliche Durchbiegung ist, die sich unter der normalen Belastung bildet, um zu verhindern, daß die Federn meistens mit einer Krümmung in entgegengesetzter Richtung arbeiten. Diese Durchbiegung ist jedoch bedeutend geringer, und oft sehr viel geringer als die größtmögliche, von welcher noch später die Rede sein wird. Die verschiedenen Blätter erhalten außerdem vor ihrer Zusammensetzung Krümmungen mit Biegungshalbmessern, die von dem obersten Blatte bis zum untersten abnehmen, zu dem Zwecke, um das Aufklaffen der Blätter an den Enden während der Durchbiegung zu verhindern[1]). Das kleine Blatt hat gewöhn-

[1]) Dieser Unterschied in der Krümmung darf aber nicht zu groß sein, zumal bei Federn mit gleich dicken Blättern. Denn es ist klar, daß die Anfangsspannung, welche dadurch hervorgebracht wird, während der Durchbiegung eine Überbeanspruchung für die von dem obersten Blatte entferntesten Blätter verursacht.

In dem Falle von Federn, welche aus Blättern zusammengesetzt sind, deren Dicke regelmäßig, von dem Hauptblatte an bis zum

lich eine Länge gleich der Breite des Federbundes plus zweimal die Höhe der geschichteten Blätter. —

Wirkliche Beanspruchung.

In Wirklichkeit ist die Beanspruchung nicht dieselbe für alle Blätter. Für die Praxis kann man jedoch diese als gleichmäßig verteilt annehmen, wenn der Krümmungshalbmesser groß genug ist, im Verhältnis zu den Dicken der Blätter, um als der gleiche für alle Blätter betrachtet zu werden.

Wenn man dies annimmt trotz der Verschiedenheit der Krümmungen, und wenn die Beanspruchung im Angriffspunkte der Kraft P gleich

$$R = \frac{M}{\sum \frac{I}{v}}$$

ist, so wird sie für die theoretischen Federn Abb. 1 und 2

$$R = \frac{3}{2} \frac{PL}{n \cdot a \cdot e^2} \quad \text{und} \quad R = \frac{3}{2} \frac{PL}{a\,(e_1^2 + e_2^2 + \ldots + e_n^2)}.$$

In Funktion der Schichtung l ist dann die Beanspruchung eines beliebigen Blattes von der Breite a und von der Dicke e

$$R = 3 \frac{P \cdot l}{a\,e^2}.$$

Stärke und Biegsamkeit.

Für die Herstellung von Blattfedern sind gewöhnlich die folgenden Punkte gegeben:

P = die normale Belastung,
f = die Biegsamkeit oder Biegung oder Durchbiegung pro 100 kg Belastung in der Mitte,
F_m = die vorgesehene Gesamtbiegung für die größte Formänderung, ein Wert, den man nie überschreiten sollte.

---

letzten Blatte, abnimmt, ist diese Anfangsspannung von Vorteil für die Feder, als Ganzes betrachtet, und hat zur Folge, daß die Beanspruchung in den verschiedenen Blättern bei der größten Biegung gleich wird.

Die verschiedenen Krümmungen, welche man zulassen kann, und welche diese Anfangsspannung verursachen, hängen ganz von dem Urteil des Fabrikanten ab, und der Vorteil, welcher aus dieser Ausführung entsteht, kann nicht genau festgestellt werden. Man kann diesen nur eventuell berücksichtigen für die Bestimmung des Sicherheitsgrades.

Man kennt außerdem (oder man wählt sie) die Entfernung zwischen den Stützpunkten oder Gehängen bei normaler Belastung, oder die entwickelte Länge L des Hauptblattes zwischen den Stützpunkten.

Die erste Bedingung, die immer beachtet werden muß, ist die, niemals die Elastizitätsgrenze zu überschreiten, selbst nicht bei der größten Biegung, welche vorkommen könnte, eine Biegung, die sehr oft bedeutend größer werden kann als die unter normaler Belastung, namentlich bei Wagen, welche auf unebenen Wegen rollen.

Um diese Grenze der Durchbiegung festzustellen, bedient man sich gewöhnlich der Formel

$$F_m = \frac{i\,L^2}{6\,e}, \tag{1}$$

in welcher bedeuten:

i = die größte elastische Verlängerung, welche von der Qualität des Materials abhängt,
L = die entwickelte Länge des Hauptblattes zwischen den Stützpunkten,
e = die Dicke des Hauptblattes,
Fm = die größtmögliche, vorgesehene Totalbiegung.

Dies ist die theoretische Formel für die Biegung eines Blattes von gleichem rechteckigen Querschnitt[1]).

---

[1]) Diese Formel ist diejenige, welche die großen Eisenbahngesellschaften usw. für die Abnahmeversuche für die einzelnen Blätter, die für die Herstellung von Federn bestimmt sind, angenommen haben.

Diese theoretische Formel ist die für die Durchbiegung eines Blattes von konstantem rechteckigen Querschnitt, welches auf zwei Stützpunkten ruht und eine Last in der Mitte trägt. Die Krümmung, welche das Blatt unter diesen Bedingungen annimmt, ist nicht gleichmäßig, und der Wert der elastischen Verlängerung wird in der Mitte am größten. Die obige Formel gibt dieses Maximum an.

In dem Falle eines Körpers von gleichem Widerstande, bestehend aus einem Blatte mit konstanter Dicke, aber mit gleichmäßig von der Mitte bis zu den Enden abnehmender Breite, oder aus mehreren Blättern, wie in Abb. 1, bildet die Krümmung einen Kreisbogen, und die elastische Verlängerung ist in diesem Falle konstant auf der ganzen Länge. Die theoretische Formel für diesen letzteren Fall ist:

$$F_m = \frac{i\,L^2}{4\,e}.$$

Dies ist die Formel, welche angewendet werden müßte für die normalen Federn, wenn diese genau als Körper von gleichem Widerstande hergestellt werden könnten, wie in der Abb. 1, und wenn die verschiedenen Blätter unter sich ohne jede Anfangsspannung abgerichtet wären und die Reibung während der Biegung gleich Null wäre.

Bei der Anwendung dieser Formel erreicht die Beanspruchung des Metalls ein Maximum, welches einer wirklichen Verlängerung entspricht, die jedoch geringer als das festgesetzte Maximum ist.

Wenn die Federn genau wie die theoretischen arbeiteten (Abb. 1), so würde diese wirkliche Verlängerung i_1, welche der Biegung Fm entspricht, nur gleich $^2/_3$ des größten Wertes i sein, welcher durch die Qualität des Materials bestimmt ist.

Der Wert der elastischen Verlängerung i schwankt gewöhnlich für die Federstahle zwischen 0,005 bis 0,008, je nach der Qualität. Man verwendet jedoch für Blattfedern für Eisenbahnwagen oder Straßenwagen keine Stahle, deren Wert i geringer ist als 0,006.

Schnelle Berechnungsmethode.

Die graphische Darstellung Nr. 1 stellt die Beziehungen zwischen Fm, L und e für die Qualität des Metalls dar, welche der elastischen Verlängerung von 0,006 entspricht, so daß man sofort einen von diesen Werten ablesen kann, wenn die anderen bekannt sind.

Wir machen darauf aufmerksam, daß die Breite der Blätter in dieser Formel nicht berücksichtigt ist, welche nur auf die äußerste Verlängerung der am meisten gedehnten Fasern begründet ist.

Wenn daher für starke Belastungen der Querschnitt des Hauptblattes nicht genügend ist, um der Scherkraft mit dem

---

Bei der Anwendung der ersten Formel (1) läßt man also eine Spanne für die Sicherheit zu, in welcher die möglichen Änderungen in der Krümmung in der Praxis und die zusätzlichen Beanspruchungen durch bei der Fabrikationsmethode angewendete Anfangsspannungen Beachtung finden.

Man kann jedoch in einigen Fällen, wenn die Qualität des zu verwendenden Stahls genau bekannt ist, eine weniger große Spanne für die Sicherheit zulassen, indem man sich den Resultaten nähert, welche die zweite Formel ergibt, aber dann ist es gut, immer unter diesen theoretischen Werten zu bleiben.

Zu diesem Zwecke könnte man nach dieser theoretischen Formel, berichtigt durch einen passend gewählten Koeffizienten, eine graphische Darstellung machen. Es ist jedoch zu bemerken, daß, um die hier angegebene zu benutzen, die Werte von Fm oder von e, in bezug auf eine gegebene Länge L, in diesen beiden Fällen die äußersten sind, und zwar im Verhältnis von 1 zu 1,5. Diese Werte, welche man aus der graphischen Darstellung entnimmt, können also unter Umständen mit einer entsprechenden Erhöhung zugelassen werden, ohne jedoch bis zur äußersten Grenze von 50%, welche vorher angegeben worden ist, zu gehen.

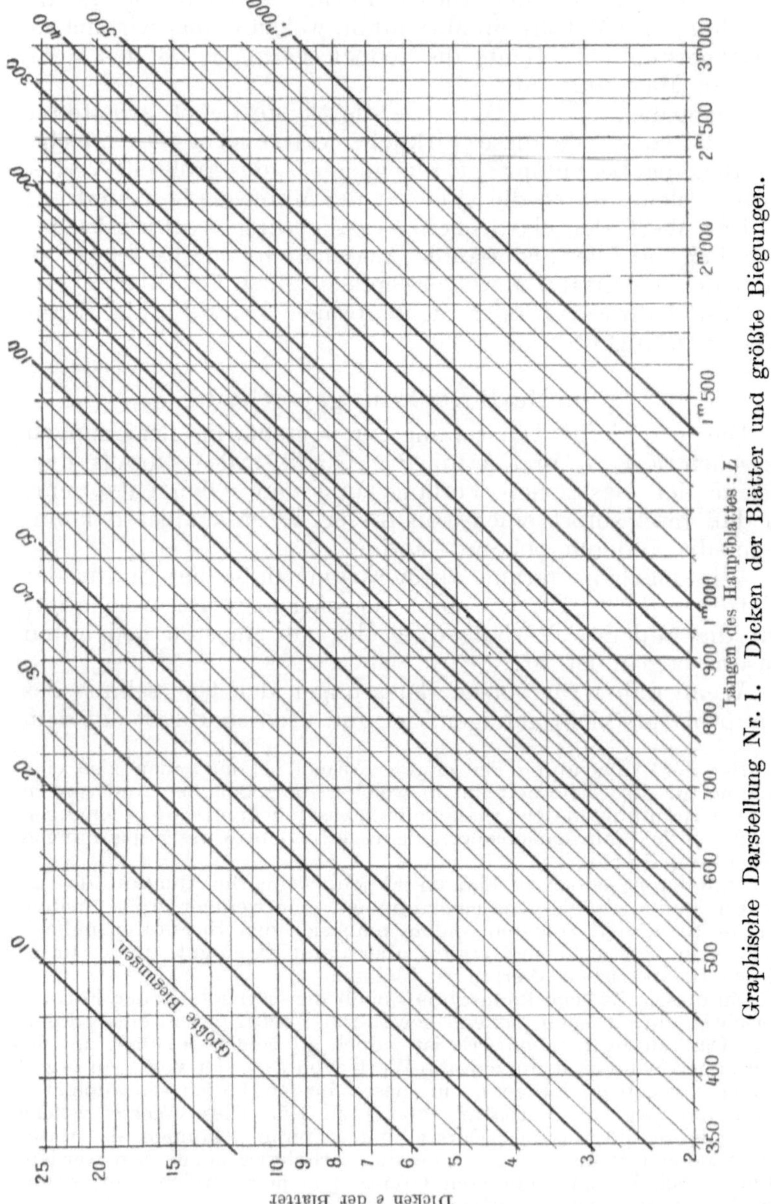

Graphische Darstellung Nr. 1. Dicken der Blätter und größte Biegungen.

nötigen Grade von Sicherheit zu widerstehen, so muß man diese verstärken durch eine oder mehrere Blätter, und zwar bis unter die Stützpunkte, um den notwendigen Gesamtquerschnitt zu erreichen. Wir finden daher aus der graphischen Darstellung Nr. 1 sofort die Dicken, die für die Blätter nicht überschritten werden dürfen.

In den Berechnungen, welche jetzt folgen, nehmen wir zunächst an, daß die Federn aus Blättern von gleicher Dicke hergestellt sind, und wir unterscheiden dabei zwei verschiedene Fälle:

1. Normale Federn mit n regelmäßig geschichteten Blättern, einschließlich des Hauptblattes.

2. Verstärkte Federn mit n_1 Blättern und n_1 Verstärkungsblättern.

Schließlich zeigen wir noch in einem dritten Fall die Anwendungsmöglichkeit der Formel bei Federn mit Blättern von verschiedener Dicke.

Wir bezeichnen mit:

C die Entfernung zwischen den Stützpunkten unter der Belastung P, welche in Frage kommt,

E den Elastizitätskoeffizienten des Metalls,

n die Zahl der Blätter, aus welchen die normale Feder zusammengesetzt ist,

n_1 die Zahl der Blätter der verstärkten Federn,

a die Länge der Blätter,

F_1 die Biegung unter der normalen Last P,

e die Dicke, als gleichmäßig angenommen, von jedem Blatte.

Erster Fall.

Federn mit regelmäßig geschichteten Blättern.

Die theoretische Formel für diese Federn ist:

$$F = \frac{3\,P\,C^3}{8\,E \cdot n \cdot a \cdot e^3}.$$

Für Stahl schwankt der Wert von E wenig und hält sich gewöhnlich zwischen 20000 und 22000. Durch die Härtung wird jedoch dieser Wert verändert und erreicht für harte Stahle etwa 24000 und mitunter für besondere Stahlsorten bis 27000.

Die graphische Darstellung Nr. 2 ergibt sofort nach dieser Formel und für $E = 21000$ das Verhältnis zwischen:

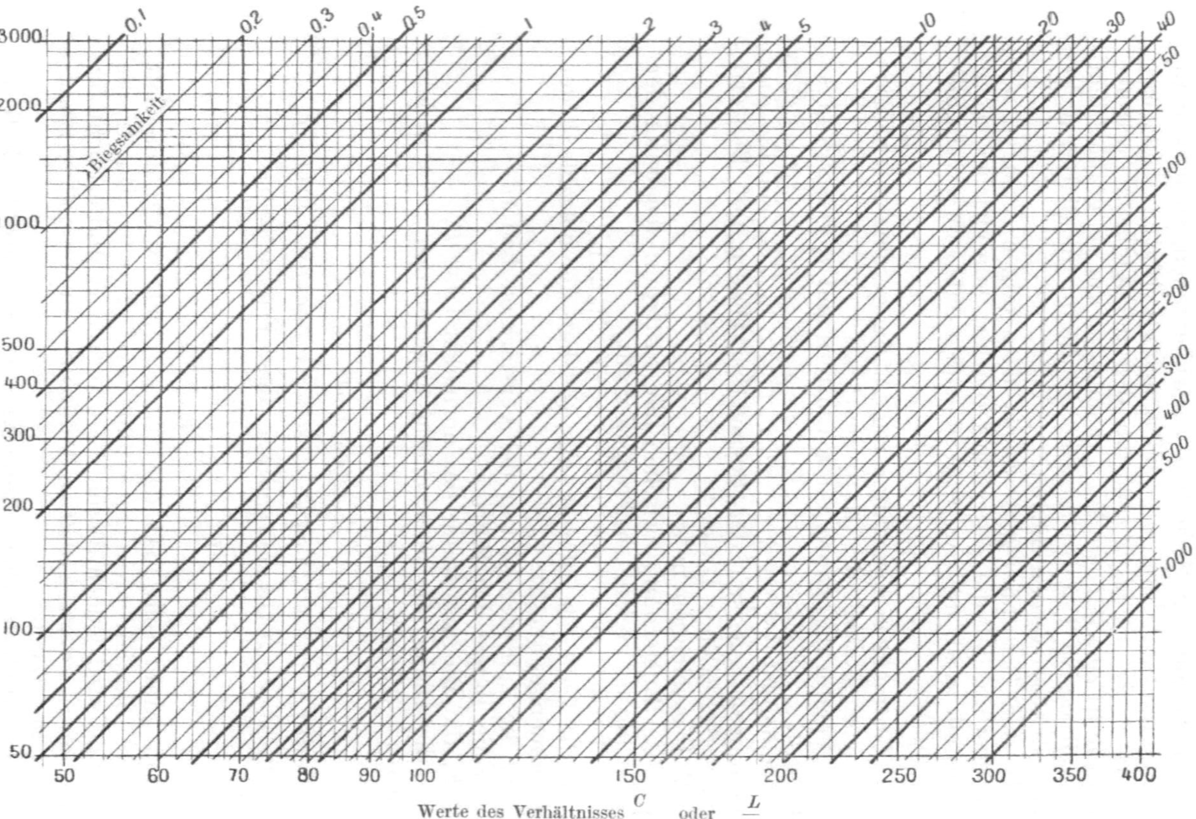

Graphische Darstellung Nr. 2. Biegsamkeit pro 100 kg und Zahl der Blätter.

der Biegsamkeit f % kg und der Beziehung $\frac{C}{e}$, welche man in der Praxis gleich der von $\frac{L}{e}$ setzen kann, und dem Produkte von $n \cdot a$, der Zahl der Federn mit der Breite derselben.

Durch die graphische Darstellung kann man daher direkt die Werte von $n \cdot a$ finden, nach welchen man dann die Zahl der Blätter mit der angenommenen Breite bestimmen kann. Da diese Zahl eine gerade Zahl sein muß, so kann man einen kleinen Unterschied zwischen den festgesetzten Werten von f oder L zulassen.

Zweiter Fall. Verstärkte Federn.

Diese Feder ist aus n_1 Blättern zusammengesetzt, von diesen sind n_1' Verstärkungsblätter und $n_1'' = (n_1 - n_1')$ Blätter mit regelmäßiger Schichtung, einschließlich des Hauptblattes.

Die Durchbiegung einer solchen Feder kann leicht berechnet werden.

Sie wird zu:

$$F = \frac{3}{8} \frac{P C^3}{E\left(n_1 + \frac{n_1'}{2}\right) a e^3}.$$

Dies ist dieselbe Formel wie die unter (2) für die Normalfeder von n Blättern angegebene, in welcher man aber

$$n = n_1 + \frac{n_1'}{2}$$

gesetzt hat.

Folglich kann auch die graphische Darstellung dazu dienen, um die Anzahl der Blätter einer Normalfeder festzusetzen, welche den gewünschten Bedingungen entspricht, und hieraus kann man leicht die Gesamtzahl n_1 der Blätter der verstärkten Feder ableiten:

$$n_1 = n - \frac{n_1'}{2}.$$

Umgekehrt, wenn man eine verstärkte Feder von n_1 Blättern hat, von welchen n_1' Verstärkungsblätter sind, kann man aus der graphischen Darstellung Nr. 2 auch die Biegsamkeit nach der entsprechenden Normalfeder von n Blättern bestimmen, welche nach dieser Formel berechnet worden ist.

Die Formel (3) ist genau für alle Werte von n_1 und n_1'. In dem besonderen Falle, daß in der aus n_1 Blättern gleicher Länge zusammengesetzten Feder $n_1 = n_1'$ wäre, so würde man haben:

$$F' = \frac{1}{4} \frac{P C^3}{E \cdot n_1 \cdot a \cdot e^3}.$$

Diese Formel ist offenbar dieselbe wie die, welche die Biegung eines einzelnen Blattes mit konstantem rechteckigen Querschnitte von der Breite $n_1 a$ und von der Dicke e darstellt, welches die Stützpunkte an den Enden hat und in seiner Mitte die Einzellast P trägt.

In den vorstehenden Berechnungen muß die Länge L gleich der wirklichen Länge, verringert um den unveränderlichen Teil, welcher in dem zentralen Federbund eingespannt ist, gesetzt werden, und man darf die wirklichen Werte nur für die Berechnung der Form der Feder benutzen.

Wirkliche Beanspruchung. — Wir machen hier darauf aufmerksam, daß, da die graphische Darstellung Nr. 1 nach der Formel (1) aufgestellt worden ist, für die theoretische Biegung eines einzelnen Blattes die für die Sicherheit in den Anwendungen bei Normalfedern mit regelmäßigen Lagen erzielte Spanne in den verstärkten Federn in kleinerem Maße vorhanden ist, und zwar je nach der Erhöhung der Zahl der verstärkten Blätter. In dem äußersten Falle, daß alle Blätter dieselbe Länge hätten, wird diese Spanne Null, und die wirkliche Beanspruchung erreicht die Endgrenze.

Diese Erhöhung der Beanspruchung ist übrigens offenbar, da im Angriffspunkte der Kraft P die Zahl der Blätter verringert ist und $n_1 < n$ für dieselbe Biegsamkeit wird.

Man muß mitunter diese Bemerkung berücksichtigen, namentlich wenn die Zahl der Verstärkungsblätter bedeutend ist.

Dritter Fall.

Federn mit Blättern von verschiedenen Dicken.

Bei den Federn von Eisenbahnwagen sind die Blätter gewöhnlich von gleicher Dicke, wie wir es in den vorstehenden Berechnungen angenommen haben.

In den Federn, die für gewöhnliche Fahrzeuge bestimmt sind, und ebenso bei denjenigen, die großen Biegungsschwankungen ausgesetzt sind, wendet man oft Blätter von verschiedenen Dicken an, um der zusätzlichen Beanspruchung der von dem Hauptblatte entfernten Blätter oder irgendeinem anderen Umstande Rechnung zu tragen.

In diesen Federn darf die höchste Stärke (Hauptblatt) nicht die vorher festgesetzte und in der graphischen Darstellung Nr. 1 angegebene übertreffen. Die Biegsamkeit hängt nur von den verschiedenen Dicken und von der Zahl der Blätter von jeder derselben ab.

Man bestimmt die Zahl n der Blätter von der Dicke e einer Normalfeder nach der graphischen Darstellung Nr. 2.

Man kann dann eine Feder wählen, die aus verschiedenen Stärken zusammengesetzt ist, wie z. B.

$$n e^3 = n' e'^3 + n'' e''^3 + n''' e'''^3 + \dots$$

Diese Feder wird dann dieselbe Biegsamkeit wie die einer Normalfeder von n Blättern haben, welche wir für gleich starke Lagen festgesetzt haben, aber unter der Bedingung, daß die Schichtungen so, wie es in der Abb. 2 angegeben ist, angeordnet werden, d. h. proportional dem Quadrat der Dicke von jedem Blatte.

Formbestimmung der Feder.

Wir kennen alle Grundlagen, die nötig sind, um eine Feder herzustellen, welche gegebenen Bestimmungen entspricht: die Zahl der Blätter, ihre Breite, Dicke und Länge.

Gemäß der Durchbiegung unter normaler Belastung und der größten vorgesehenen Durchbiegung setzen wir die Höhe der Durchbiegung für die Herstellung fest, wenn diese nicht durch andere Umstände bestimmt ist, und dann haben wir nach der uns bekannten entwickelten Länge des Hauptblattes und der Höhe der Durchbiegung die Bogenhöhe, den Krümmungshalbmesser des Hauptblattes zu bestimmen.

Die Tabellen, welche in den meisten technischen Hilfsbüchern angegeben sind und nach dem Radius die Werte des Kreisbogens, der Sehne und Bogenhöhe angeben, können hierzu nicht verwendet werden.

Wir haben daher (S. 31—33) eine Tabelle zusammengestellt, welche die Werte der Winkel, der Halbmesser, der Sehnen und Bogenhöhen in Funktion der Länge des Kreisbogens angibt.

Es ist daher leicht die Länge des Halbmessers der mittleren Krümmungslinie des Hauptblattes zu finden, welche ja die Grundlinie für die Zeichnung der Feder ist.

Aufgenommene und aufgespeicherte Arbeit oder halbe lebendige Kraft.

Wenn man von der Reibung zwischen den Blättern absieht, eine Reibung, deren Einfluß schon vorher besprochen worden ist, so wird die von einer normalen Blattfeder mit regelmäßigen Lagen während der Biegung aufgenommene und aufgespeicherte Arbeit gegeben durch die Formel:

$$T = \int P \cdot dF .$$

Da die Biegungen als den angreifenden Kräften proportional angenommen sind, so wird diese Arbeit ausgedrückt durch

$$T = \frac{P \cdot F}{2} .$$

In Funktion der Masse der Feder hat man dann nach Formel (2)

$$P = \frac{8}{3} \frac{E n a e^3}{C^3} F ,$$

wonach:

$$T = \frac{8}{3} \frac{E n a e^3}{C^3} \int F \cdot dF = \frac{4}{3} \frac{E n \cdot a e^3}{C^3} F^2$$

wird.

Für die gewöhnlichen Federn mit ziemlich großem Krümmungshalbmesser kann man bei der Berechnung des Widerstandes und der Biegung die Werte C und L vertauschen. Man kann daher in Funktion der wirklichen Beanspruchung R nach der Formel

$$F \frac{i L^2}{4 e} = \frac{R}{E} \frac{L_2}{4 e}$$

(S. 6) und dem theoretischen Rauminhalt V der Feder schreiben

$$F = \frac{4}{3} \frac{E n a e^3}{L^3} F^2 = \frac{1}{12} n a e L \frac{R^2}{E} ,$$

$$T = \frac{1}{6} \frac{R^2}{E} V ,$$

Formeln, in welchen alle Werte in kg und mm angegeben sind.

Nützliches Gewicht der Blattfedern.

Der Rauminhalt einer theoretischen Feder mit regelmäßigen Schichten von gleicher Dicke (Abb. 1) ist:

$$V = 1/2 n \cdot a \cdot L \cdot e .$$

Wenn man in diese Formel die charakteristischen Werte der Feder einsetzt, wie die halbe aufzunehmende lebendige Kraft oder die Biegsamkeit f % kg und die Kraft P, welche einer wirklichen elastischen Verlängerung i_1 entspricht, die wir auch als gleich für alle Blätter annehmen, oder eine wirkliche Beanspruchung R, so wird der Rauminhalt ausgedrückt durch

$$V \frac{3\,E}{100\,R^2} P^2 \cdot f = \frac{3\,P^2 \cdot f}{100\,E\,i_1^2},$$

von welchem man dann leicht das nützliche Gewicht ableiten kann.

Man kann daher sagen, daß:

„für eine gleiche elastische Verlängerung oder eine gleiche Beanspruchung die nützlichen Gewichte der Normalfedern mit geschichteten Blättern ihrer Biegsamkeit und dem Quadrate ihrer Stärke proportional sind."

Die Formel (1), welche aus Vorsicht für die Berechnung der Federn anstatt der theoretischen Formel (auf S. 6) in der Anmerkung angenommen worden ist, sichert bei der größten Formänderung eine verkleinerte, verringerte Beanspruchung und eine wirkliche elastische Verlängerung zu, welche nur $^2/_3$ von i für eine Feder ist, die unter gleichen Bedingungen nach der theoretischen Formel hergestellt worden wäre.

Wenn man mit einer Dichtigkeit von 7,8 für den Stahl und mit einem Werte von $E = 21\,000$ rechnet, welche wir auch in der graphischen Darstellung für die Federn zugrunde gelegt haben, so ist das nützliche Gewicht einer Feder aus Stahl von einer durch $i = 0{,}006$ bestimmten Qualität, und deren Form wir nach der theoretischen Formel (Abb. 1) begrenzt annehmen, in Funktion der Probebelastung P_m, welche der größten Formänderung entspricht, ungefähr:

$$Q = \frac{0{,}7}{10^6} P_m^2 \cdot f.$$

Der Wert des nützlichen Gewichtes, welches diese Formel ergibt, gestattet leicht, danach das wirkliche Gesamtgewicht zu bestimmen, mit welchem man bei der praktischen Herstellung zählen kann.

Federn mit geschichteten Blättern.

(Blätter mit rechteckigem Querschnitte).

Generalformel:

Größte Werte: Biegung und Dicke der Blätter (siehe Anmerkung S. 6) $\Big\}$ $F_m = \frac{i L^2}{6 e}$ (1)

Federn mit regelmäßiger Schichtung

Biegung (2)	Arbeit oder halbe lebendige Kraft	Theoretisches, nützliches Gewicht
$F = \frac{3}{8} \frac{P \cdot C^3}{E n \cdot a \cdot e^3}$	$T = \frac{P \cdot F}{2}$ $= \frac{4}{3} \frac{E \cdot n \cdot a \cdot e^3}{C^3} \cdot F^3$ $= \frac{1}{6} \frac{R^2}{e} V$	$Q = \frac{3}{100} \frac{E}{R^2} P^2 \cdot f \cdot \delta$ $= \frac{3}{100} \frac{P^2 f}{E i_1^2} \delta$ (Siehe praktischen Wert, S. 16)

Verstärkte Federn.

Biegung $F = \frac{3}{8} \frac{P \cdot C^3}{E\left(n_1 + \frac{n_2'}{2}\right) a e^3}$ (3)

Federn aus Blättern mit verschiedenen Dicken. (Vergleichung mit Normalfeder mit denselben charakteristischen Merkmalen.)

$$n \cdot e^3 = n' e'^3 + n'' e''^3 + n''' e'''^3 + \ldots$$

In der Praxis nimmt man für die Biegungsformeln (2) und (3) die Werte von L und C als gleich an.

Beispiel einer schnellen Berechnung einer Blattfeder vermittels der graphischen Darstellung.

Festsetzung der Dimensionen einer Blattfeder, die den folgenden Bedingungen entspricht:

Normale Belastung . . . . $P = 900$ kg
Biegsamkeit % kg . . . . $f = 7{,}5$
Vorgesehene größte Durchbiegung . . . $F_m = 180$ mm
Entsprechende Probelast dazu . . . . $P_m = 2400$ kg
Länge des Hauptblattes . . . . $L = 1300$ mm.

Abmessungen. Wenn die Blätter durch einen zentralen Bund von 100 mm Breite zusammengehalten werden, so müssen wir mit einer wirklichen Länge von ca. 1300 – 100 = 1200 rechnen.

Die graphische Darstellung Nr. 1 ergibt bei $F_m = 180$ mm und $L = 1200$ mm die größtzulässige Dicke von:

$$e = 8 \text{ mm}.$$

Zählen wir mit dieser Dicke für alle Blätter der Feder, so hat man $\frac{L}{e} = \frac{1200}{8} = 150$, und die graphische Darstellung Nr. 2 ergibt für diesen Fall und für $f = 7{,}5$ mm das Produkt:

$$n \cdot a = 800.$$

Wenn wir eine Blattbreite von 70 mm annehmen, so brauchten wir 11,4 Blätter. Wir nehmen die unmittelbar darunter befindliche ganze Zahl, also 11 Blätter von 70 mm, um so der Reibung, welche die Biegsamkeit beeinflußt, Rechnung zu tragen, wie wir es weiter vorne gesehen haben.

Die Beanspruchung an den Stützpunkten unter der Probebelastung durch die Querkraft, welche gleich $\frac{2400}{2} = 1200$ kg ist, wird gemäß der Anmerkung von S. 3 für die neutrale Faser

$$R = \frac{1200}{70 \cdot 8} \cdot 1{,}5 = 3{,}2 \text{ kg pro qmm}.$$

Es sind daher keine Verstärkungsblätter nötig, und die Schichtungen können regelmäßig sein.

Form. Da die Durchbiegung unter der normalen Last gleich $\frac{75 \cdot 900}{100} = 67{,}5$ mm ist, so kann man für die Herstellung eine Bogenhöhe von 120 mm anwenden, welche unter dieser normalen Last eine Durchbiegung von ungefähr 120 — 67,5 mm ergibt.

Die Länge des Hauptblattes haben wir zu 1300 mm angenommen und die Bogenhöhe für die Herstellung zu 120 mm, und dann hat man

$$\frac{F}{L} = \frac{120}{1300} = 0{,}09231.$$

Die Tabelle der Halbmesser, Sehnen und Bogenhöhen (S. 31—33) ergibt:

	Halbmesser	Sehne	Winkel
für $\frac{F}{L} = 0{,}09061$	1,3642	0,97776	42°
Unterschied nach der Tabelle + 210	— 317	— 106	+ 60′
Wirklicher Unterschied + 170	— 256	— 86	+ 49′
für $\frac{F}{L} = 0{,}09231$	$\frac{\varrho}{L} = 1{,}3386$	$\frac{C}{L} = 0{,}97690$	$\alpha = 42° \, 49'$

Der Krümmungshalbmesser für die Herstellung des Hauptblattes wird dann sein . . $\varrho = 1{,}3386 \cdot 1300 = 1740$

Die Sehne wird sein . $C = 0{,}9769 \cdot 1300 = 1270$

Der Winkel am Mittelpunkt . . . . $\alpha = 42^\circ\, 49'$.

Wir bringen in Erinnerung, daß, wenn anstatt der entwickelten Länge des Hauptblattes man die Sehnenlänge als bekannt angenommen hätte, der Wert des Krümmungshalbmessers sein würde:

$$\varrho = \frac{\left(\frac{C}{2}\right)^2 + (\text{Bogenhöhe})^2}{2 \cdot \text{Bogenhöhe}}$$

Gewicht. Die Länge der regelmäßigen Schichtung für die nützliche Länge von 1300 — 100, die wir angenommen hatten, wird sein für 11 Blätter:

$$l = \frac{1200}{2 \cdot 11} = 55 \text{ mm}.$$

Die Längen der aufeinanderfolgenden Blätter würden dann sein:

Erstes Blatt oder Hauptblatt (die umgebogenen Enden nicht mit einbegriffen)	$= 1300$
Zweites Blatt	$1300 - 2 \cdot 55 + 1190$
Drittes Blatt	$1190 - 110 = 1080$
. . . .	. . . .
Zehntes Blatt	$420 - 110 = 310$
Elftes Blatt.	$310 - 110 = 200$

Wenn man annimmt, daß die Blätter einfach rechtwinklig abgeschnitten sind und keine Zuschärfung an den Enden haben, so ist das Gesamtgewicht nach ihrem Querschnitt $70 \cdot 8$ und ihren oben berechneten Längen, deren Totallänge gleich 8,250 m ist, leicht festzustellen. Das Gewicht ist mithin:

$$\frac{8250 \cdot 70 \cdot 8}{10^6} \cdot 7{,}8 = 36 \text{ kg}.$$

Die praktische Formel für Normalfedern mit regelmäßigen Schichtungen (S. 15) würde uns unter den obigen Verhältnissen direkt ein nützliches Gewicht ergeben haben von:

$$Q = \frac{0{,}7}{10^6} \cdot 2400^2 \cdot 7{,}5 = 30{,}3 \text{ kg},$$

welchem man ferner ungefähr das Gewicht der Teile, welche in dem zentralen Federbund stecken, und welche in Wirklichkeit 11 Blätter von 100 mm Länge enthalten, hinzufügen müßte, mithin:

$$\frac{70 \cdot 100 \cdot 11 \cdot 8}{10^6} \cdot 7{,}8 = 4\,\text{kg}\,8\,.$$

Das Gesamtgewicht der Feder (ohne die umgebogenen Enden) würde daher betragen: das Gewicht, welches wir nach der Hauptformel bestimmt haben $= 30{,}3 + 4{,}8 = 35{,}1$ kg, anstatt 36 kg Gewicht, welches wir vorher gefunden hatten.

Dieser Unterschied, schwach in diesem Beispiele, würde selbstverständlich bedeutender werden, wenn die in Frage kommende Feder weiter von der theoretischen Form abwiche.

Empfindlichkeitsgrad der Blattfedern.

Wenn wir nach Beobachtung der vorhergehenden Angaben durch Versuche die Biegsamkeit einer nach obigen Regeln hergestellten Feder feststellen wollen, so werden wir bemerken, daß, um die berechnete Durchbiegung F zu erreichen, eine größere Kraft P' als P dazu erforderlich ist.

Man folgert gewöhnlich daraus, daß die wirkliche Biegsamkeit um $f' = \frac{100\,F}{P'}$ geringer ist als wie die gewünschte f % kg.

Nach diesen Feststellungen handelt es sich darum, die Kraft P' zu bestimmen, um danach die in der Berechnung gefundenen Resultate zu berichtigen.

Dagegen, wenn die Durchbiegung erreicht worden ist, und wenn wir dann die Kraft P' regelmäßig verringern, so werden wir feststellen, daß die Durchbiegung erst abnimmt, wenn man die Last bis auf eine Last P'' verringert hat, welche kleiner als P ist.

Durch das Verhältnis $\frac{P' - P''}{P}$ kann man bestimmen, was wir mit Empfindlichkeitsgrad bezeichnet haben.

Dieser Wert hat eine gewisse Bedeutung für die Wagenfedern, für welche eine große Weichheit der Federung und mithin eine vorzügliche Aufhängung nötig ist. Es ist leicht, diesen Wert wenigstens annähernd zu bestimmen, wenn man in Betracht zieht, daß die nötigen Kraftunterschiede einfach durch die Reibungsarbeit, verbraucht durch die beziehliche

Bewegung aller Flächeneinheiten der sich berührenden Flächen der Blätter während der allmählichen Biegungen, verursacht werden. Es genügt daher, nachdem das Verteilungsgesetz des Druckes auf die sich berührenden Flächen der Blätter bestimmt worden ist, die Gleichung der Arbeit aufzustellen.

So kommt man zu den Formeln:

$$\frac{P' - P}{P} = \frac{\varphi}{1 - \varphi} \quad \text{und} \quad \frac{f'}{f} = 1 - \varphi\,, \tag{5}$$

$$\frac{P - P''}{P} = \frac{\varphi}{1 + \varphi} \tag{6}$$

und

$$\frac{P' - P''}{P} = \frac{2\varphi}{1 - \varphi^2} \quad \text{oder annähernd} \quad = 2\varphi \tag{7}$$

in welchen:

$$\varphi = 2\frac{(n-1)}{\frac{L}{e}}\delta\,.$$

δ ist der Reibungskoeffizient der sich berührenden Flächen.

Die Werte (5) können als Grundlage für die eventuellen Berichtigungen an den Resultaten dienen, welche sich aus den Berechnungen für die Herstellung der Feder ergeben haben, um so die gewünschte Biegsamkeit zu erreichen.

Der Wert (7) drückt den oben bestimmten Empfindlichkeitsgrad aus.

Bei Federn, die aus rohen, gewalzten Blättern zusammengesetzt sind, erreicht der Wert δ mitunter 0,05, und er kann diesen auch übertreffen, aber nach einer gewissen Gebrauchszeit verringert sich dieser Koeffizient bedeutend.

Die graphische Darstellung Nr. 3 gibt für $\delta = 0{,}2$ die Werte φ und φ^2 für eine beliebige Feder an. Sie gestattet nach den Formeln (5), (6) und (7), die bestimmten Werte für diesen Koeffizienten oder irgendeinen anderen schnell festzusetzen.

Verstärkte Federn. Bei Federn, die aus n_1 gewöhnlichen Blättern und n_1' Verstärkungsblättern zusammengesetzt sind, kann der Einfluß der Reibung bedeutend größer werden.

Die Formeln (5), (6) und (7) bleiben anwendbar, aber man muß in diesem Falle, um den Wert von ϱ zu bestimmen, mit einer frei angenommenen Anzahl rechnen, wie z. B.:

$$n_1 = n_1 + n_1'\,. \tag{8}$$

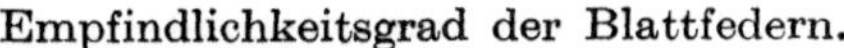

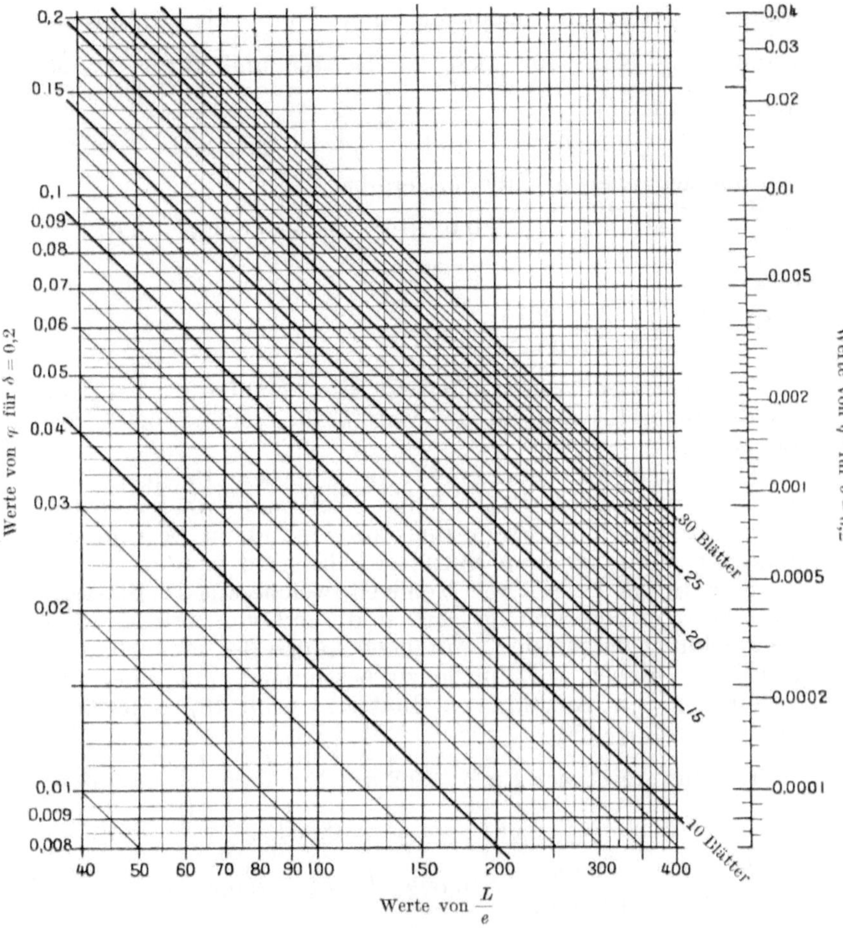

Werte von $\frac{L}{e}$

Graphische Darstellung Nr. 3.
Empfindlichkeitsgrad der Blattfedern.

$$\frac{P' - P''}{P} = \frac{2\varphi}{1-\varphi^2} \quad \text{oder annähernd} \quad 2\varphi$$

$$\frac{P'}{P} = \frac{1}{1-\varphi}; \qquad \frac{f'}{f} = 1 - \varphi \qquad \text{und} \qquad \frac{P''}{P} = \frac{1}{1+\varphi}.$$

In dem Beispiel einer Normalfeder, welches wir vorher behandelt haben, und welche wir aus 11 Blättern von 70×8 zusammengesetzt angenommen haben, bei einer nützlichen Länge von 1200 mm, und Verwendung gewalzter Blätter in rohem Zustande ergibt die graphische Darstellung Nr. 3 für diese 11 Blätter und für $\frac{L}{e} = 150$ und $\delta = 0{,}2$:

$$\varphi = 0{,}027 \qquad \text{und} \qquad \varphi^2 = 0{,}00073 .$$

woraus sich nach (5) und (7) ergibt:

$$\frac{P' - P}{P} = \frac{0{,}027}{1 - 0{,}027} = 0{,}0279; \quad \frac{f'}{f} = s - 0{,}027 = 0{,}973$$

und

$$\frac{P - P''}{P} = \frac{2 \cdot 0{,}027}{1 - 0{,}00073} = 0{,}054 .$$

Die gemessene Biegsamkeit ist also beinahe 3% geringer als die theoretische, und die Empfindlichkeit ist 5,4% der Belastung.

Diese ziemlich niedrigen Werte in diesem Beispiele verursachen in gewissen Fällen keine Übelstände, aber man tut doch gut daran, sie wenigstens annähernd zu bestimmen, denn die Reibung kann mitunter sehr groß werden.

So z. B. bei Federn von Tendern, welche aus 12 Blättern von 90 × 12 zusammengesetzt sind, und von welchen drei Verstärkungsblätter sind, nützliche Länge des Hauptblattes 1000 mm, müssen wir, um φ zu bestimmen, mit einer frei angenommenen Anzahl von Blättern nach (8) schreiben: $nr = 12 + 3 = 15$.

Hieraus ergibt sich für $\delta = 0{,}2$ und für $\frac{L}{e} = \frac{1000}{12} = 83{,}5$,

$$\varphi = 0{,}067 , \qquad \varphi^2 = 0{,}0045 .$$

$$\frac{P' - P}{P} = \frac{0{,}067}{1 - 0{,}067} = 0{,}072; \quad \frac{f'}{f} = 1 - 0{,}067 = 0{,}933 ,$$

$$\frac{P' - P''}{P} = 2 \cdot 0{,}067 \quad \text{ungefähr} \quad = 0{,}134 .$$

Der Einfluß ist also mitunter sehr bedeutend, zumal da, wie wir schon gesagt haben, der Wert von 0,2, welchen wir für den Koeffizienten δ angenommen haben, oft geringer als der wirklich vorhandene ist. Die beobachteten Abweichungen gehen unter anderem aus den Unterschieden in der Druckverteilung auf die Berührungsflächen und der Veränderlichkeit des Wertes δ hervor, namentlich nach einem gewissen Gebrauch.

Einige Verwaltungen und Konstrukteure fordern in einigen Fällen, daß die Blätter poliert und geschmiert werden. Eine geeignete Mischung von Vaseline und Graphit scheint ein ausgezeichnetes Resultat zu geben. Der obige Reibungskoeffizient wird dann sehr gering, und die Werte (5), (6) und (7), deren Einfluß sich besonders in den Federn bemerkbar machen, die eine große Anzahl von Blättern besitzen, und namentlich in denjenigen, deren Blätter ziemliche Dicke haben, können dann beinahe unbeachtet bleiben.

Besondere Arten von Blattfedern.

Wir haben nicht die Absicht, hier alle Federn zu behandeln, die in der Praxis vorkommen. Wir geben daher nur einen Überblick von einzelnen Fällen, welche oft vorkommen, und deren vollständige Durchforschung oft zu weit führen würde für das Resultat, das wir erreichen wollen.

Die jetzt folgenden Bemerkungen über solche Federn können jedoch als Anhaltspunkte gelten, und die Abschätzung von verschiedenen anderen Einflüssen wird dann durch Erfahrung die praktische Herstellung ohne großes Risiko erlauben.

Unsymmetrische Federn.

Außer den gewöhnlichen normalen Federn, welche meistens angewendet werden, verwendet man auch oft unsymmetrische Federn, wie solche durch die Abb. 6 bis 10 dargestellt sind.

In diesen Federn wird die Gesamtlast P ungleich auf die beiden, an den Enden sich befindenden Stützpunkte verteilt:

$$P_1 = \frac{P \cdot c_2}{C} \quad \text{und} \quad P_2 = \frac{P c_1}{C}.$$

Das Biegungsmoment am Angriffspunkte der Kraft P ist dann:

$$M = P \cdot \frac{c_1 \cdot c_2}{C}$$

und die Beanspruchung ist in beiden Teilen dieselbe, wenn die Blattschichtungen in beiden regelmäßig sind.

Man findet ebenso leicht, daß in jedem der beiden Teile die Biegung unter irgendeiner Gesamtbelastung P bzw. F_1 und F_2 ist, so daß man hat:

$$\frac{F_1}{F_2} = \frac{c_1^2}{c_2^2}.$$

F_1 und F_2 würden übrigens die Durchbiegungen von symmetrischen Federn sein, von welchen die eine die Länge von zweimal AD und die andere von zweimal BD haben würde. Die Berechnung solcher Federn kann gemacht werden, indem man annimmt, daß jeder der beiden Teile die Hälfte einer symmetrischen, normalen Feder ist, welche in ihrer Mitte eine Last von $2\,P_1$ oder von $2\,P_2$ trägt.

Wenn man die neutrale Faser des Hauptblattes in zwei aufeinander folgenden, dicht beieinander liegenden Durchbiegungen betrachtet, so sieht man, daß die geraden Linien AB und $A'B'$, welche durch die beiden Stützpunkte gehen, sich in einem Punkte O schneiden, und man hat dann:

$$\frac{OA}{OB} = \frac{F_1}{F_2}.$$

Da man aber auch andererseits $\frac{F_1}{F_2} = \frac{c_1^2}{c_2^2}$ hat, so ist der Punkt O unveränderlich für kleine Formänderungen, und man folgert daraus, daß

$$x = \frac{c_1 \cdot c_2}{c_2 - c_1} \tag{9}$$

ist.

Die Enddurchbiegung im Punkte D der unsymmetrischen Feder wird den Beziehungen $\frac{F}{OE} = \frac{F_1}{OA} = \frac{F_2}{OB}$ entsprechen.

In der Praxis sind infolge der bedeutenden Formänderungen der Federn diese Beziehungen nicht mehr genau, aber sie nähern sich doch genügend der Wirklichkeit, und man muß sie in Betracht ziehen, um die Form der herzustellenden Feder zu bestimmen.

Wenn z. B. unter der Last P, die winkelrecht zu der Linie AB im Punkte D angreift, das Hauptblatt die Form ADB (Abb. 6, S. 26) annehmen soll, so hat man den Punkt O nach dem Verhältnis (9) zu bestimmen.

Die verschiedenen Formen, die das Hauptblatt unter den verschiedenen Belastungen annimmt, nähern sich den in der Abbildung angegebenen, aber immer so, daß die an die neutrale Faser im Punkte D gezogene Tangente auch Tangente des Kreises mit O als Zentrum und $r = DE$ als Radius ist.

Hiernach ist es leicht, die Herstellungsform der Feder durch Ermittlung der Halbmesser ϱ_1 und ϱ_2 nach der entwickelten Länge jeder der beiden Teile und den anfänglichen

Bogenhöhen F_1^1 und F_2^1, welche jedem von beiden entsprechen, zu bestimmen.

Wenn man die wirkliche Durchbiegung F der Feder mit der Durchbiegung F_n einer normalen Feder von gleichen Ausmaßen und von symmetrischer Form vergleicht, d. h. mit einer Länge C und einer Last, die in ihrer Mitte angreift, so kommt man zu der Beziehung:

$$\frac{F}{F_n} = 16\left(\frac{c_1}{C} \cdot \frac{c_2}{C}\right)^2 .$$

Diese Formel ist richtig für alle Werte von F und F', sei es in bezug auf Biegsamkeit, oder sei es in bezug auf die höchste zulässige Durchbiegung, und daher kann man, wenn man diese Beziehungen in Betracht zieht, alle Unbekannten vermittelst der graphischen Darstellungen für normale Federn finden.

Die graphische Darstellung Nr. 4 (S. 26) gibt die Kurven für die Werte $\frac{F}{F_n}$ und $\frac{x}{C}$ für alle Werte von $\frac{c_1}{c_2}$ für eine beliebige Feder an.

So z. B. für die Feder, die wir vorher als Beispiel für die Anwendung der graphischen Darstellung benutzt haben, haben wir gefunden: für $f = 7{,}5$ % kg, und für L = 1200 nützliche Länge und für $F_m = 180$, 11 Blätter von 70 × 8 Für eine Feder von gleicher Länge C, die aber so gebaut ist, daß das Verhältnis $\frac{c^1}{C} = 0{,}35$ oder $\frac{c_2}{C} = 0{,}65$ ist, gibt uns die graphische Darstellung Nr 4: $\frac{F}{F_n} = 0{,}83$ an, und das Blatt von 8 mm Dicke von der vorher besprochenen Feder gestattet nur eine Maximaldurchbiegung von 180 × 0,83 = 150 mm bei ungefähr gleichen Beanspruchungen.

Um die verlangte Durchbiegung von 180 mm zu erlangen, muß man bei der Anwendung der graphischen Darstellung Nr. 1 (S 8) mit einer frei angenommenen Biegung von ungefähr $F_m' = \frac{180}{0{,}83} = 217$ rechnen, und diese graphische Darstellung ergibt für diesen Wert und für die Länge $L = 1{,}200$ eine Dicke von:

$$e' = 6{,}75 .$$

Selbst wenn man mit einer Dicke von 7 mm rechnet, so kann man die Zahl der notwendigen Federn durch die gra-

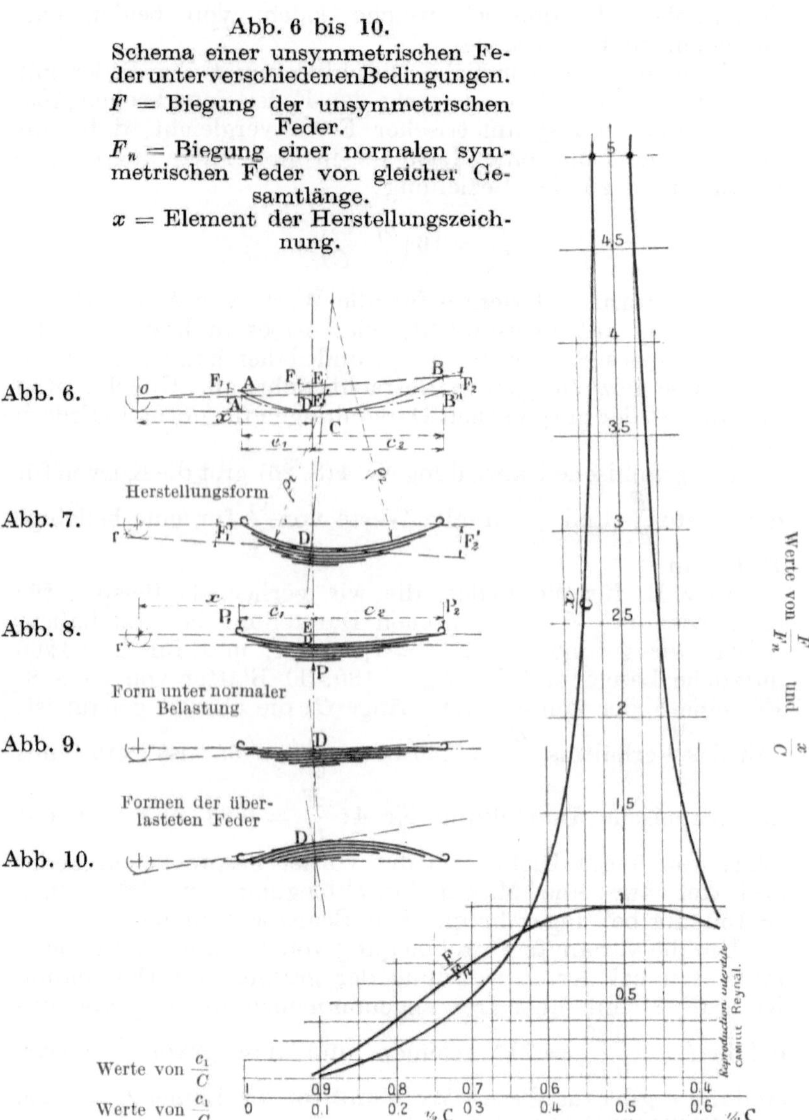

Abb. 6 bis 10.
Schema einer unsymmetrischen Feder unter verschiedenen Bedingungen.
F = Biegung der unsymmetrischen Feder.
F_n = Biegung einer normalen symmetrischen Feder von gleicher Gesamtlänge.
x = Element der Herstellungszeichnung.

Graphische Darstellung Nr. 4.
Bestimmung von unsymmetrischen Federn.

phische Darstellung Nr. 2 (S. 10) bestimmen, welche dann für $\frac{L}{e} = \frac{1200}{7} = 172$ wird, und ferner für $f = 7{,}5$ den Wert $n \cdot a = 1200$ ergibt, also 17 Blätter von 17×7, anstatt von 11 Blättern von 70×8, welche wir vorher gefunden hatten.

Die Gesamtdicke der Feder würde also $17 \times 7 = 119$ mm betragen, anstatt $11 \times 8 = 88$, und das Gewicht würde infolgedessen ebenfalls größer werden Dies beweist klar, daß in bezug auf Sparsamkeit bei der Materialverwendung der Vorteil auf seiten der symmetrischen normalen Federn ist.

Auslegerfedern, auch Dreiviertelfedern genannt.

Die Abb. 11 stellt schematisch diese Art von Federn dar, welche sehr oft beim Wagenbau angewendet werden.

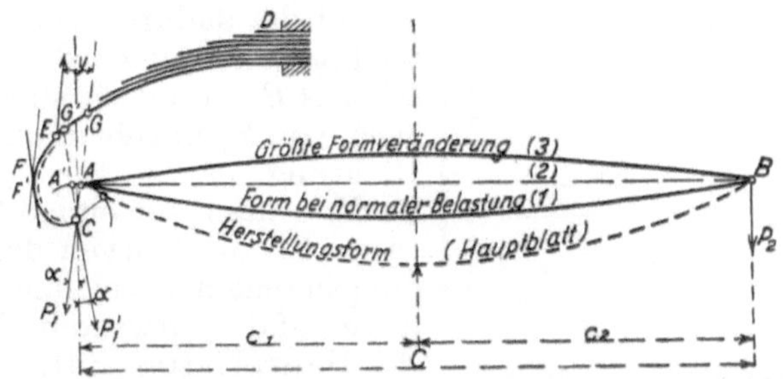

Abb. 11. Auslegerfeder oder Dreiviertelfeder, welche beim Wagenbau angewendet wird.

Der untere Teil AB, wenn man die verschiedenen Neigungen der Gehänge und folglich auch die der Kraft P_1 unbeachtet läßt, verhält sich wie eine der gewöhnlichen Blattfedern, die wir schon berechnet haben.

Was nun die Berechnung des Auslegers CD betrifft, so muß man die verschiedenen Neigungen der Kraft, welche mit der Veränderung derselben wechseln, in Betracht ziehen. Diese ist leicht zu bestimmen nach der Länge des Hauptblattes AB und seinen nacheinander folgenden Formänderungen.

Die Abbildung zeigt, daß unter normaler Belastung durch P der Druck in P gleich P_1 ist, welcher mit der senkrechten Linie den Winkel α bildet.

Der Wert dieses Druckes ist $P_1 = \frac{P c_2}{\cos\alpha C}$.

In den häufigsten Fällen, in welchen $c_1 = c_2 = \frac{C}{2}$ ist, wird dieser Wert zu $P_1 = \frac{P}{2 \cos \alpha}$.

Um die Lösung der Aufgabe zu erleichtern, nehmen wir die Feder als auf das Hauptblatt reduziert an.

Das Biegungsmoment in einem beliebigen Punkte E ist dann gleich $P_1 \cdot y$. Man sieht daher sofort, daß das Moment im Punkte C gleich Null ist und bis zum Punkte F zunimmt, wo es sein Maximum erreicht, um dann wieder abzunehmen bis zum Punkte G, wo es wieder gleich Null ist. Von diesem Punkte aus nimmt es wieder zu, aber es wechselt dabei die Richtung und erreicht wiederum ein Maximum im Punkte D, wo die Feder eingespannt ist.

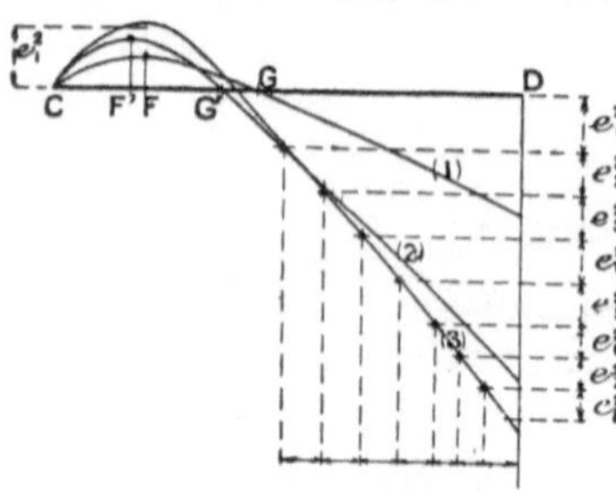

Abb. 12. Biegungsmoment auf die entwickelte Länge des Hauptblattes aufgetragen.

Die Wertschwankungen von P und die dadurch verursachten Formänderungen des Federteiles AB verändern stark den Wert von P_1 und ebenfalls seine Richtung.

Man kann für einige Werte (Abb. 12) die Kurven des Biegungsmomentes zeichnen und diese auf die entwickelte Länge des Hautpblattes auftragen.

Obgleich die Form der Feder sich unter den verschiedenen Belastungsschwankungen verändert, so kann man doch für die Widerstandsberechnung die Form als Basis annehmen, welche sich unter normaler Belastung ergibt.

Die umschließende Kurve kann dann als Basis für die Berechnung und auch für die Bestimmung der Schichtung der Blätter dienen.

Das Hauptblatt muß dem größten Biegungsmoment in F widerstehen; denn wenn dies nicht der Fall sein sollte, so müßte man ein Verstärkungsblatt im Innern der Biegung vorsehen, wie es punktiert angegeben ist, mit einer Federklammer bei FF_1.

In der Berechnung muß man auch annähernd den mehr drer weniger großen Wert der schiefen Kraft P_1 in Rechnung bringen, welcher in der Abbildung angegeben ist, und dessen Einfluß sich namentlich bemerkbar macht, wenn die Krümmung sehr stark ist, wie z. B. in dem weiter unten angegebenen Falle.

Als erste Annäherung, welche oft genügend ist, könnte man eine Berechnung aufstellen, in welcher die halbe Feder DG als normal behandelt wird, die die Kraft P_1 in G trägt, wodurch wir dann in Stand gesetzt würden, die verschiedenen Elemente und die Durchbiegung dieses Teiles zu bestimmen. Darauf hat man den Teil GC zu berechnen, dessen Formveränderung der ersteren beizufügen ist, um so die Gesamtdurchbiegung oder die Biegsamkeit festzustellen.

Federn mit starker Krümmung.

Diese Art von Federn, welche durch die Abb. 13 schematisch dargestellt ist, wird in der Praxis oft angewendet.

So z. B. bei den Federhämmern gibt man den Federn dieser Art eine abwechselnde Bewegung, wobei das Fallgewicht vermittelst eines biegsamen Teiles, eines Riemens oder sonstigen Stückes, mit den beiden Enden C und C_1 der Feder verbunden ist.

Das Gleichgewicht wird hergestellt zwischen einer in jedem Augenblick veränderlichen Kraft P, welche abwechselnd in der einen oder anderen Richtung wirkt, und zwei Kräften P_1, die mit der Senkrechten einen Winkel α bilden und auch beständig veränderlich sind.

Betrachten wir in der Feder den Teil BC, welcher sich unter Wirkung der Kräfte P und P_1 in einem Gleichgewichtszustande befindet und der durch einen geraden Schnitt begrenzt ist. Da der Wert der Krümmungshalbmesser ziemlich klein ist, so kann man nicht mehr annehmen, daß die entstehenden inneren Beanspruchungen sich gleichmäßig auf alle Blätter verteilen. Die genaue Berechnung wird in diesem Falle sehr umständlich, aber um uns einen stark angenäherten Begriff von der Feder zu machen, betrachten wir dieselbe auf das Hauptblatt reduziert.

Man sieht dann, daß das Biegungsmoment in einem beliebigen Punkte B, ebenfalls wie vorher, gleich $P_1 \cdot y$ ist, ein Wert, in welchem

$$P_1 = \frac{P}{2 \cos \alpha} \text{ ist.}$$

Sein Wert fängt mit Null in C an und wächst bis zu einem Maximum in A gleich $P_1 \cdot y'$, welches der Kraft P entspricht, oder in D und D' zu zwei Maxima $P_1 \cdot y''$, welche einer

Kraft gleich P, aber in entgegengesetzter Richtung, entsprechen.

Für einen kleineren Wert von α kann das Moment in A gleich Null und sogar negativ werden, ein Umstand, welcher oft dazu zwingt, die Blätter bei D und D' mit einer Klammer zu versehen, um sie zusammenzuhalten. Man muß jedoch vermeiden, dadurch ihre Gleitbewegung während der Biegungen zu sehr zu erschweren.

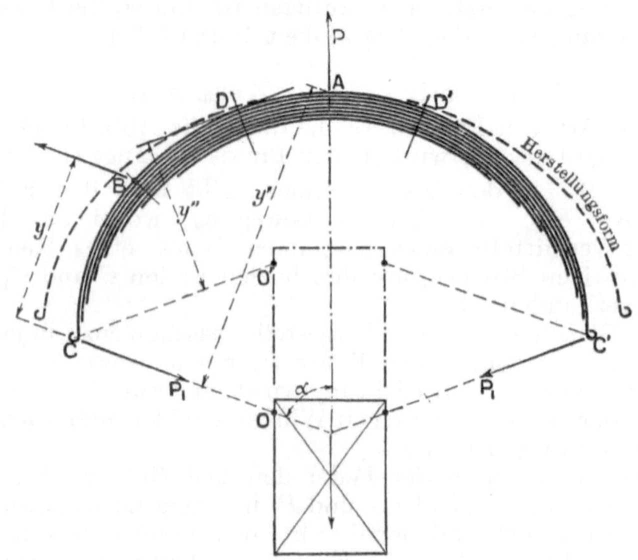

Abb. 13. Feder mit starker Krümmung für Federhämmer.

Die gezeichneten Kurven der Biegungsmomente, wie in dem vorhergehenden Falle, erlauben uns, die Feder zu berechnen und die Schichtung der Blätter festzusetzen, aber hierbei müssen wir noch mehr als in dem vorigen Falle die Querkraft und den Einfluß der schiefen Beanspruchungen durch P_1, welche durch Biegung und Druck auf das Hauptblatt einwirkt, wodurch die Beanspruchung noch weiter erhöht wird, berücksichtigen. Da die Querkraft in einem beliebigen Punkte gleich dem Differential von dem Biegungsmomente in demselben Punkte ist, so kann dieser Wert leicht auf graphischem Wege gefunden werden durch die Tangente, welche in diesem Punkte an die Kurve der Biegungsmomente gezogen wird. Er ist gleich Null in den Punkten

Halbmesser, Sehnen und Bogenhöhen
in Funktion der Länge L des Bogens.

Winkel in Graden	Halbmesser $\frac{R}{L}$	Diff. −	Sehne $\frac{C}{L}$	Diff. −	Bogenhöhe $\frac{F}{L}$	Diff. +
1	57,293		0,99997	3	0,00219	218
2	28,648		94	6	437	218
3	19,099		88	8	655	218
4	14,324		80	12	873	218
5	11,459		68	14	0,01091	218
6	9,549		0,99954	16	0,01309	217
7	8,185		938	19	1526	217
8	7,162		919	21	1743	218
9	6,366		898	25	1961	218
10	5,7295	5208	873	28	2179	218
11	5,2087	4340	0,99845	29	0,02397	219
12	4,7747	3673	816	31	2616	218
13	4,4074	3149	785	34	2834	217
14	4,0925	2728	751	36	3051	218
15	3,8197	2387	715	39	3269	217
16	3,5810	2107	0,99676	43	0,03486	216
17	3,3703	1872	633	45	3702	217
18	3,1831	1675	588	46	3919	216
19	3,0156	1508	542	49	4135	217
20	2,8648	1364	493	52	4352	217
21	2,7284	1240	0,99441	54	0,04569	216
22	2,6044	1132	387	57	4785	216
23	2,4912	1039	330	60	5001	216
24	2,3873	955	270	62	5217	215
25	2,2918	881	208	64	5432	216
26	2,2037	816	0,99144	67	0,05648	215
27	2,1221	759	077	70	5853	215
28	2,0462	705	007	72	6078	215
29	1,9757	662	0,98935	74	6293	214
30	1,9095	613	861	76	6507	215
31	1,8482	577	0,98785	79	0,06722	214
32	1,7905	543	706	82	6946	214
33	1,7362	510	624	84	7150	213
34	1,6852	482	540	88	7363	213
35	1,6370	435	452	90	7576	213
36	1,5915	430	0,98362	91	0,07789	214
37	1,5485	407	271	94	8003	212
38	1,5078	387	177	96	8215	212
39	1,4691	367	081	100	8427	212
40	1,4324	349	0,97981	101	8639	211

Halbmesser, Sehnen und Bogenhöhen
in Funktion der Länge L des Bogens (Fortsetzung).

Winkel in Graden	Halbmesser		Sehne		Bogenhöhe	
	$\frac{R}{L}$	Diff. −	$\frac{C}{L}$	Diff. −	$\frac{F}{L}$	Diff. +
41	1,3975	333	0,98870	104	0,08850	211
42	1,3642	317	776	106	9061	210
43	1,3325	303	670	108	9271	210
44	1,3022	290	562	112	9481	211
45	1,2732	277	450	115	9692	210
46	1,2455	265	0,97335	117	0,09902	209
47	1,2190	254	7218	118	0,10111	209
48	1,1936	243	7100	120	320	208
49	1,1693	234	6980	123	528	208
50	1,1459	225	6857	126	736	208
51	1,1234	216	0,96731	128	0,10944	208
52	1,1018	208	603	131	0,11152	207
53	1,0810	200	472	132	359	206
54	1,0610	193	340	135	565	206
55	1,0417	186	205	139	771	205
56	1,0231	179	0,96066	139	0,11976	205
57	1,0052	173	0,95927	143	0,12181	205
58	0,9879	168	784	144	386	204
59	0,7911	162	640	148	590	203
60	0,9549	156	492	150	793	203
61	0,93927	1515	0,95342	151	0,12996	203
62	92412	1466	191	153	0,13199	203
63	90946	1421	038	156	402	202
64	89525	1378	0,94882	158	604	201
65	88147	1335	724	161	805	200
66	0,86812	1296	0,94563	163	0,14005	200
67	5516	1258	400	167	205	200
68	4258	1222	233	168	405	199
69	3036	1186	065	170	604	199
70	1850	1152	0,93895	173	803	197
71	0,80698	1120	0,93723	172	0,15000	198
72	0,79578	1090	550	176	198	197
73	8488	1061	374	180	395	196
74	7427	1032	194	182	591	196
75	6395	1005	012	184	787	195
76	0,75390	980	0,92828	186	0,15982	194
77	4410	954	642	187	0,16176	194
78	3456	930	455	191	370	194
79	2526	906	264	193	564	192
80	1620	884	071	195	756	192

Halbmesser, Sehnen und Bogenhöhen
in Funktion der Länge L des Bogens (Fortsetzung).

Winkel in Graden	Halbmesser $\frac{R}{L}$	Diff. −	Sehne $\frac{C}{L}$	Diff. −	Bogenhöhe $\frac{F}{L}$	Diff. +
81	0,70736	863	0,91876	196	0,16948	191
82	0,69873	843	680	199	0,17139	191
83	9030	822	481	201	330	190
84	8208	802	280	203	520	189
85	7406	783	077	205	709	189
86	0,66623	766	0,90872	207	0,17898	188
87	5857	749	665	209	0,18086	187
88	5108	731	456	212	273	187
89	4377	715	244	213	460	186
90	3662		031		646	

der Kurve, in welchen ein Maximum der Biegungsmomente vorhanden ist, und am größten in den Punkten, welche einem Wechsel in der Biegungsrichtung entsprechen.

Bei dieser Art von Federn kann der Einfluß der Reibung der Blätter unter sich durch die verbrauchte Arbeit sehr bedeutend sein, was die Biegsamkeit und die Arbeitsleistung der Feder bei ihrer wechselnden Bewegung nachteilig beeinflußt.

Es ist klar, daß der Weg zwischen O und O', welchen die sich bewegende Masse der Feder gegenüber zurücklegt, zunächst von der Länge COC' der biegsamen Verbindung abhängt, ferner aber auch von der Anfangsspannung, welche man ihr gibt, von der wirklichen Bewegung, welche die Feder selbst ausführt, und ebenso von dem wirklichen Wege, den die schlagende Masse zurückzulegen hat.

Zweites Kapitel.

Gewundene Federn für Zug, Druck und Stoß.

§1. Zylindrische Schraubenfedern.

Die zylindrischen Schraubenfedern sind gewöhnlich aus einem Draht mit rundem oder quadratischem Querschnitt, mitunter aber auch aus Draht mit rechteckigem oder elliptischem Querschnitt hergestellt.

Die Federn, welche dazu bestimmt sind, einem Druck zu widerstehen, müssen bei Durchbiegung der letzten Windung einen geschlossenen Kreis bilden, der dann abgeschliffen wird, um überall eine gute Auflage zu erhalten.

Die Federn, welche einer Zugkraft zu widerstehen haben, werden gewöhnlich mit sich berührenden Windungen hergestellt und erhalten oft schon eine Anfangsspannung. Sie werden an den Enden auf verschiedene Weise geformt, je nach den Zwecken, welchen sie zu dienen haben.

Jedenfalls müssen die Federn immer den allgemeinen Bedingungen entsprechen, welche wir vorher bestimmt haben.

Das Studium der Schraubenfedern, welche einer Kraft, die in der Richtung ihrer Achse wirkt, zu widerstehen haben, zeigt, daß jeder Abschnitt des Drahtes einem Verdrehungsmoment ausgesetzt ist, für welches wir die Beanspruchung des Metalls und die entstehende Formänderung festsetzen können. Da dieses Verdrehungsmoment konstant ist, weil der Wicklungshalbmesser immer der gleiche ist, so sind die zylindrischen Schraubenfedern Körper von gleichem Widerstande.

Schraubenfedern aus rundem Draht.

Für die Federn aus rundem Draht sind die theoretischen Formeln die folgenden:

Belastung $$P = \frac{\pi}{8} \frac{d^3}{D} R' , \qquad (10)$$

Gesamtbiegung $$F = \frac{LD}{d}\frac{R'}{G'} = \frac{8}{\pi}\frac{D^2L}{G'd^4}\cdot P, \tag{11}$$

in welchen:

d = der Durchmesser des Drahtes ist, aus welchem die Feder gemacht ist,

D = der mittlere Durchmesser der Wicklung des Drahtes,

R' = die größte Beanspruchung des Metalls bei der Verdrehung durch die Last P,

G' = der Elastizitätskoeffizient des Metalls gegen Verdrehungen,

L = die entwickelte Länge des Drahtes.

In der Praxis darf der Steigungswinkel auf einer zur Achse rechtwinkligen Ebene, um ein gutes Arbeiten zu erzielen, nicht mehr als 5 bis 6 Grad betragen, was ungefähr einem Aufwicklungsgang von höchstens $^1/_3$ des Wicklungshalbmessers entspricht.

Unter diesen Bedingungen, wenn n die Zahl der nützlichen Windungen ist, kann man mit genügender Annäherung für die entwickelte Länge des Drahtes $L = \pi \cdot D \cdot n$ annehmen, und die Formel wird dann zu:

$$F = \pi\frac{D^2}{d}\cdot\frac{R'}{G'}n = \frac{8}{G'}\frac{D^3}{d^4}P\cdot n. \tag{12}$$

Diese Formeln (10), (11) oder (12) sind für alle Schraubenfedern aus rundem Draht anwendbar. Der kreisrunde Querschnitt ist übrigens der, welcher gegen Verdrehungen am geeignetsten ist.

Bei der Aufstellung dieser Formeln ist angenommen, daß die geraden Querschnitte des betreffenden Körpers nach der Verdrehung gerade bleiben. Wenn aber die Querschnitte von der kreisrunden Form mehr oder weniger abweichen, so ist diese Annahme nicht mehr zulässig, und die Erfahrung lehrt uns, daß die anfangs ebenen Querschnitte durch die Verdrehung schief werden. Für diese Fälle werden genaue Formeln sehr umständlich. Da jedoch die Schraubenfedern aus Draht mit quadratischem oder rechteckigem Querschnitt sehr oft angewendet werden, so haben wir versucht, ihre rasche Berechnung ohne große Ungenauigkeiten zu ermöglichen.

Verdrehung der Prismen.

Wir beschränken uns hier darauf, in Erinnerung zu bringen, daß nach den sehr genauen Studien von de Saint-Venant über die

Verdrehungen in den verschiedenen Fällen die Beanspruchung der Flächeneinheit einer beliebigen Faser nicht mehr der Entfernung von der Achse proportional ist.

Die größte Beanspruchung findet immer in gewissen Punkten der Außenlinie statt, aber die Lage dieser Punkte wechselt je nach der Form des Querschnittes.

In den gebräuchlichen Fällen mit quadratischem und rechtwinkligem Querschnitte findet diese größte Beanspruchung für diejenigen Punkte der Außenlinie statt, welche dem Schwerpunkt des Schnittes am nächsten sind. Dasselbe ist der Fall, wenn der Querschnitt elliptisch ist oder die Form eines gleichseitigen Dreiecks hat.

Die Formeln für die Verdrehung eines Prismas mit kreisrundem Schnitt, welches auf Verdrehung durch ein in einer zur Achse rechtwinkligen Ebene gelegenes Kräftepaar beansprucht wird, sind:

$$G' \frac{I_0}{L} \theta = M ,$$

$$\frac{R' \cdot I_0}{v} = M ,$$

in welchen bedeuten:

θ = den ganzen Verdrehungswinkel,
I_0 = das polare Trägheitsmoment des Schnittes,
L = die Länge des Prismas,
v = die Entfernung der am weitesten vom Schwerpunkt entfernten Faser.

Wie wir schon gesagt haben, sind die Formeln in bezug auf Verdrehung von Prismen mit einem anderen Querschnitt als einem kreisrunden sehr verwickelt. De Saint-Venant hat die vorhergehenden Formeln verallgemeinert, damit sie für verschiedene Querschnitte angewendet werden können, und zwar in folgender Form:

$$K \frac{G' \theta}{L} \cdot \frac{\omega^4}{I_0} = M \tag{13}$$

und

$$K' R' \sqrt{\omega^3} = M, \tag{14}$$

in welchen ω die Fläche des Schnittes und K und K' die je nach der Form des Schnittes veränderlichen Koeffizienten bezeichnen, welche er für eine gewisse Anzahl derselben bestimmt hat.

Wir geben in untenstehender Tabelle die Koeffizienten an, die uns bei den Berechnungen nützlich sein können.

Bei der Prüfung dieser Koeffizienten sehen wir, daß der Koeffizient K sich wenig verändert, selbst für Formen, welche von der kreisrunden Form bedeutend abweichen. Man kann daher sagen, daß die Formänderung Θ eines Prismas augenscheinlich der Beziehung $\frac{I_0}{\omega^4}$ gleich ist.

Hieraus geht hervor, daß für den Wert einer Fläche eines nicht hohlen Schnittes in bezug auf Formänderung es sehr wichtig ist, I_0 so klein wie möglich zu machen, d. h., sich einer kreisrunden Form zu nähern.

Form		Verdrehung der Prismen K	K'	Bemerkungen
Kreis 		0,0253	0,282	$\omega = \frac{\pi}{4} d^2$ $I_0 = \frac{\pi}{32} d^4$
Quadrat 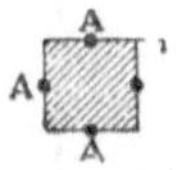		0,0234	0,208	$\omega = c_2$ $I_0 = \frac{1}{6} c_4$
Rechteck $a > b$	$\frac{a}{b} = 2$	0,0238	0,174	$\omega = a b$
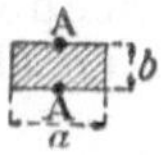	$= 5$	0,0252	0,130	
	$= 10$	0,0260	0,099	
	$= 50$	0,0274	0,047	
	$= \alpha$	0,0278	0,000	$I_0 = \frac{1}{12} (a^2 + b^2)$.
Ellipse $a > b$ 		0,0253	0,282	$\omega = \frac{\pi}{4} a b$ $I_0 = \frac{\pi}{64} a b (a^2 + b^2)$.

Die Lage der am meisten beanspruchten Fasern sind in jedem Schnitte durch die Punkte A angegeben.

Für kreisrunde Querschnitte ist die größte Beanspruchung gleichmäßig auf den ganzen Umfang verteilt.

Dies ist also gerade das Gegenteil von dem, was man anzunehmen geneigt wäre, wenn man irrtümlicherweise voraussetzte, daß die geraden Schnitte der nicht kreisrunden Prismen nach der Verdrehung noch gerade seien.

Der Einfluß auf Schnitte derselben Form ist um so bedeutender, je mehr diese von der Kreisform abweichen.

Eine ähnliche Auseinandersetzung würde uns beweisen, daß für einen gleichen Wert von Flächen ω die kreisrunde Form die vorteilhafteste in bezug auf die höchste Beanspruchung ist.

Schraubenfedern aus Draht von beliebigem Querschnitt.

In den Schraubenfedern ist:

$$M = \frac{PD}{2} \quad \text{und} \quad F = \frac{\Theta D}{2}.$$

Die allgemeinen Formeln (13) und (14), auf diese Federn angewendet, werden:

$$P = 2\,K' \frac{\sqrt{\omega^3}}{D} R' \tag{15}$$

und

$$F = \frac{1}{2}\frac{K'}{K}\frac{LDI_0}{\sqrt{\omega^5}}\frac{R'}{G'} = \frac{PL}{4\,KG'} \cdot \frac{I_0}{\omega^4} D^2.$$

Oder, wenn man wieder $L = \pi D n$ setzt

$$F = \frac{\pi}{4\,K\,G'}\frac{I_0}{\omega^4} D^3 \cdot P \cdot n. \tag{16}$$

Andererseits ist festgestellt worden, daß die Materialanspannung R' bei Verdrehungen gleich der durch Schubkraft verursachten angenommen werden kann, d. h. gleich $^4/_5$ von R für Zug und Biegung.

In der Praxis, wenn kein besonderer Grund besteht, um die Qualität des für die Herstellung der Feder verwendeten Materials genau festzustellen, kann man für die normale Belastung eine Materialanspannung von 30 bis 40 kg pro qmm zulassen und als äußerste Grenze, die nicht überschritten werden soll, 60 bis 70 kg pro qmm.

In vielen Fällen, z. B. für Federn für Eisenbahnwagen oder sonstige Verwendungszwecke, bei denen die Qualität des Stahles genau vorgeschrieben ist, wünscht man meistens, das verwendete Material so gut wie möglich auszunützen, und aus diesem Grunde überschreitet man mitunter diese Werte.

Die Qualität des Materials wird gewöhnlich durch die größte elastische Verlängerung i durch Zugbeanspruchung festgesetzt.

Die Theorie und die Praxis zeigen, daß man, analog wie bei den Formeln, die man für die Zugbeanspruchung benutzt, und wenn man den Verdrehungskoeffizienten mit i' bezeichnet, setzen kann:

$$R' = G' \cdot i' = 2 G' \cdot i = 4/5\, R.$$

In Funktion von diesem Werte i, der die Qualität des Metalls bestimmt, kann man die Formel (15) schreiben:

$$P = 4 \cdot K' \frac{\sqrt{\omega^3}}{D} G' \cdot i,$$

welche die äußerste Belastung angibt, welche der elastischen Verlängerung i entspricht, bis zu welcher man jedoch auf keinen Fall gehen darf, und ebenso

$$P = 4\, K' \frac{\sqrt{\omega^3}}{D} G' \cdot i_1, \tag{17}$$

aus welcher man dann die der wirklichen, zugelassenen Verlängerung i_1 entsprechende Belastung entnehmen kann.

Diese Formeln (15), (16) und (17) gestatten also, alle Federn zu bestimmen, für welche die Koeffizienten K und K' bekannt sind. Man muß daher, um die praktische Belastung durch die Formeln der Tabelle (S. 42 u. 43) zu erhalten, an Stelle der wirklichen Werte R' und i, welche der Elastizitätsgrenze entsprechen, verringerte Werte nehmen, indem man die Spanne für die gewünschte Sicherheit in Rechnung zieht.

In der Praxis nimmt man gewöhnlich für die äußerste Belastung nur $^2/_3$ von dem theoretischen Werte an, welcher dem größten Werte von i für das verwendete Metall entspricht. Es genügt daher, in den Formeln für R' und i_1 $^2/_3$ der größten Werte, welche der Elastizitätsgrenze entsprechen, zu setzen.

Diese Sicherheitsspanne ist übrigens dieselbe wie die auch für die Blattfedern zulässige, wie wir im vorhergehenden Kapitel gesehen haben. Diese Spanne ist hier besonders wegen der großen Formänderung nötig, welche das Material bei der Herstellung dieser Federn erleidet.

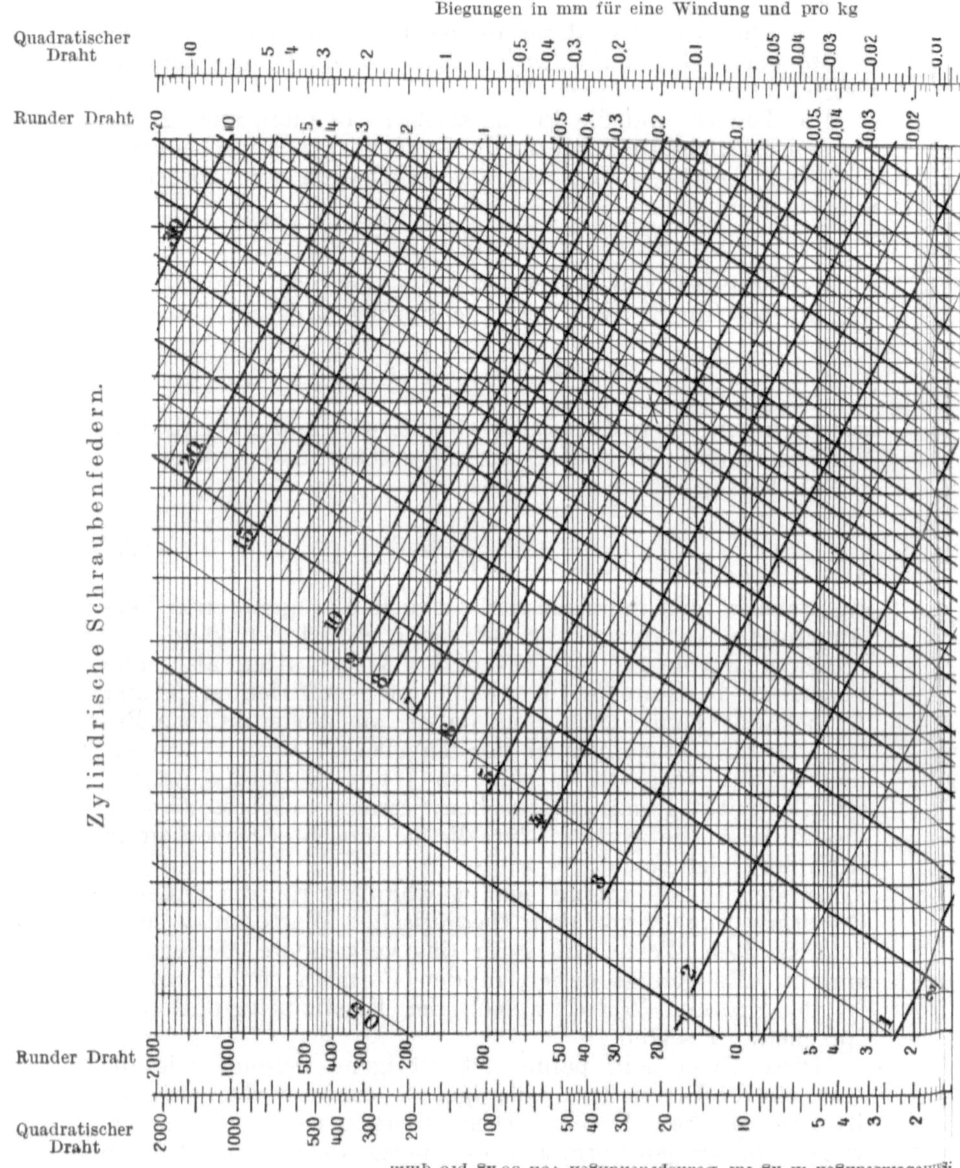
Biegungen in mm für eine Windung und pro kg
Quadratischer Draht
Runder Draht
Zylindrische Schraubenfedern.
Runder Draht
Quadratischer Draht
samtbelastungen in kg für Beanspruchungen von 30 kg pro qmm

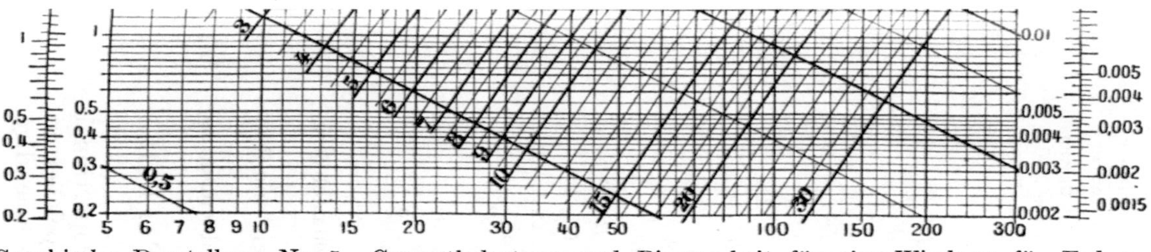

Graphische Darstellung Nr. 5. Gesamtbelastung und Biegsamkeit für eine Windung für Federn aus rundem oder quadratischem Drahte.

Die Belastungen werden bestimmt durch den Schnittpunkt der nach links geneigten Linie \ mit dem Durchmesser oder mit der Seite des Drahtes und der vertikalen Linie des mittleren Wicklungsdurchmessers.

Die Biegungen werden bestimmt durch den Schnittpunkt der nach rechts geneigten Linie / mit dem Durchmesser oder mit der Seite des Drahtes und der vertikalen Linie des mittleren Wicklungsdurchmessers.

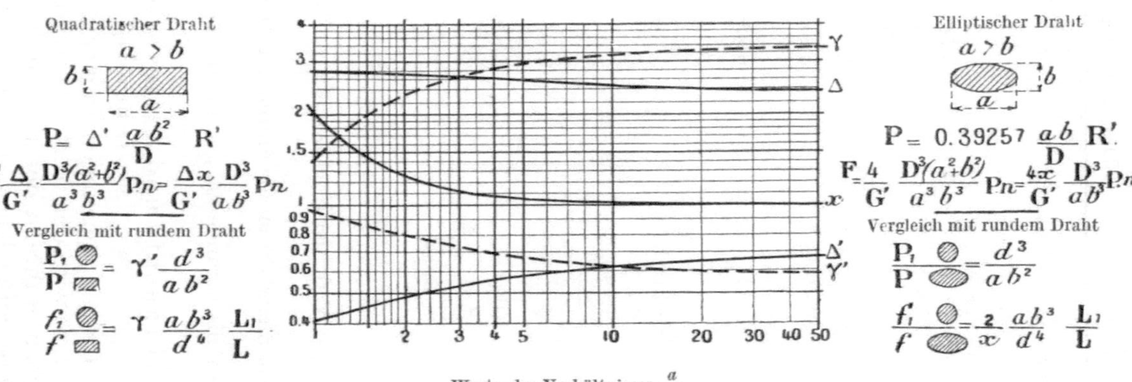

oder elliptischem Draht.

Zylindrische
für Zug,
Die Lage der Schnitte kann eine beliebige in

Querschnitt des Drahtes	Last	Gesamt- in Funktion von n
Voller Kreis	$P = \frac{\pi}{8}\frac{d^3}{D} R'$ $= \frac{\pi}{4}\frac{d^3}{D} G' i_1$	$F = \frac{8}{G'}\frac{D^3}{d^4} P \cdot n$ $= \pi \frac{R'}{G'}\frac{D^2}{d} n$
Quadrat	$P = 0{,}416 \frac{c^3}{D} R'$ $= 0{,}832 \frac{c^3}{D} G' i_1$	$F = \frac{5{,}594}{G'}\frac{D^3}{c^4} P \cdot n$ $= 2{,}327 \frac{R'}{G'}\frac{D^2}{c} n$
Rechteck $a > b$	$P = \Delta' \frac{a b^2}{D} R'$ $= 2 \Delta' \frac{a b^2}{D} G' i_1$	$F = \frac{\Delta x}{G'}\frac{D^3}{a b^3} P \cdot n$ $= \Delta \Delta' x \frac{R'}{G'}\frac{D^2}{b} n$
Ellipse $a > b$	$P = \frac{\pi}{8}\frac{a b^2}{D} R'$ $= \frac{\pi}{4}\frac{a b^2}{D} G' i_1$	$F = \frac{4x}{G'}\frac{D^3}{a b^3} P \cdot n$ $= \pi \frac{x}{2}\frac{R'}{G'}\frac{D^2}{b} n$

Die Werte der Koeffizienten von Δ, Δ', x und y ändern sich nach dem

zienten sind durch die graphische Darstellung Nr. 6 gegeben, und ihre

ebenfalls veränderlich, kann in der Praxis für genügend entfernte

Verbrauchte und aufgespeicherte Arbeit oder halbe lebendige Kraft.

Da die Biegungen immer den Belastungen proportional sind, so wird der Wert der verbrauchten und aufgespeicherten Arbeit während der Formänderung oder die halbe lebendige Kraft ausgedrückt durch die Formel

$$T = \int P \cdot dF .$$

Schraubenfedern
Druck und Stoß.

bezug auf die Achse des Aufwickelzylinders sein.

Biegung in Funktion von L	Verbrauchte und aufgespeicherte Arbeit oder halbe lebendige Kraft	Nützliches Gewicht
$F = \frac{8}{\pi G'} \frac{D^2}{d^4} P \cdot L$ $= \frac{R'}{G'} \frac{D}{d} L$	$T = \frac{\pi}{16} \frac{R'^2}{G'} d^2 L$ $= \frac{1}{4} \frac{R'^2}{G'} \cdot V$	$Q = \frac{4}{10^3} \frac{T}{R'^2} G' \delta$ $= \frac{2}{10^5} \frac{P^2 f}{R'^2} G' \delta$
$F = \frac{5{,}594}{\pi G'} \frac{D^2}{c^4} P \cdot L$ $= 0{,}747 \frac{R'}{G'} \frac{D^2}{c} L$	$T = 0{,}1554 \frac{R'^2}{G'} c^2 L$ $= 0{,}1554 \frac{R'^2}{G'} \cdot V$	$Q = \frac{6{,}45}{10^3} \frac{I}{R'^2} G' \delta$ $= \frac{3{,}22}{10^5} \frac{P^2 f}{R'^2} G' \delta$
$F = \frac{\Delta x}{\pi G'} \frac{PL}{ab^3} D^2$ $= \frac{\Delta \Delta' x}{\pi} \frac{R'}{G'} \frac{D}{b} L$	$T = \frac{\Delta \Delta'^2 x}{2\pi} \frac{R'^2}{G'} a b L$ $= \frac{\Delta \Delta'^2 x}{2\pi} \frac{R'^2}{G'} \cdot V$	$Q = \frac{2}{10^3} \frac{\pi}{\Delta \Delta'^2 x} \frac{T}{R'^2} G' \delta$ $= \frac{1}{10^5} \frac{\pi}{\Delta \Delta'^2 x} \frac{T}{R'^2} G' \delta$
$F = \frac{4x}{\pi G'} \frac{PL}{ab^3} D^2$ $= \frac{x}{2} \frac{R'}{G'} \frac{D}{b} L$	$T = \frac{\pi}{32} x \frac{R'^2}{G'} a b L$ $= \frac{1}{8} x \frac{R'^2}{G'} V$	$Q = \frac{8}{10^3 x} \frac{T}{R'^2} G' \delta$ $= \frac{4}{10^5 x} \frac{P^2 f}{R'^2} G' \delta$

Verhältnis $\frac{a}{b}$ der Maße des Querschnittes. Die drei ersten Koeffi-

Werte sind $\Delta = \frac{\pi}{48K}$, $\Delta' = 2K'\sqrt{\frac{a}{b}}$ und $x = 1 + \left(\frac{b}{a}\right)^2$. Der letzte y,

Grenzen von $\frac{a}{b}$ gleich 4,2 angenommen werden.

In Funktion der Last und der entsprechenden größten Biegung wird dieser Wert

$$T = \frac{P \cdot F}{2}.$$

Wir geben in der obigen Tabelle denselben Wert in Funktion von den Maßen des Schnittes oder des nützlichen Rauminhaltes der Feder und der Beanspruchung R' pro qmm für die Formen der gebräuchlichsten Querschnitte.

Diese Formeln zeigen, daß für jede gegebene Art des Querschnittes diese Arbeit proportional dem Quadrat der Beanspruchung und dem Rauminhalt der Feder ist, daß er aber unabhängig von den Außenmaßen ist.

Nützliches Gewicht der zylindrischen Schraubenfedern.

Wie für die Blattfedern kann man leicht direkt das nützliche Gewicht der zylindrischen Schraubenfedern nach ihrer Biegsamkeit f % kg und ihrer Stärke P oder nach ihrer halben lebendigen Kraft, welche einer gegebenen Materialanspannung oder einer gegebenen elastischen Verlängerung entsprechen, feststellen.

Diese Werte, bestimmt nach den Formeln (10) und (11) für runden Draht, (15) und (16) und (17) für Draht von beliebigem Querschnitt, sind in der Tabelle (S. 42, 43) angegeben. Man folgert daraus, daß, wie für die Blattfedern, und vorausgesetzt, daß die zu vergleichenden Federn ähnliche Querschnitte haben:

„für eine gleiche Materialbeanspruchung oder für eine gleiche elastische Verlängerung die Gewichte der zylindrischen Schraubenfedern von Querschnitten gleicher Art ihrer Biegsamkeit und dem Quadrate ihrer Stärke proportional sind“.

Vergleich zwischen den Stärken und den Biegsamkeiten der verschiedenen Schraubenfedern.

Nehmen wir als Vergleichsbasis die Stärke oder die Last P_1 und die größte Biegsamkeit f_1 einer zylindrischen Schraubenfeder mit kreisförmigem Querschnitt von gleichem Aufwicklungsdurchmesser, und bezeichnen wir mit P die Last und mit f die gesamte Biegsamkeit für jeden der betrachteten Fälle, so finden wir nach den Formeln der Tabelle folgende Beziehungen.

Quadratischer Querschnitt:

Beziehung zwischen den Lasten für dieselbe größte Beanspruchung:

$$\frac{P_1}{P} = 0{,}944\,\frac{d^3}{c^3},$$

was für eine gleiche Stärke ergibt:

$$c^3 = 0{,}944\,d^3.$$

Beziehungen zwischen den Biegsamkeiten oder den Biegungen unter derselben Last:

$$\frac{f_1}{f} = 1{,}43\,\frac{c^4}{d^4}\,\frac{L_1}{L},$$

also mit obiger Bedingung für eine gleiche Stärke

$$\frac{f_1}{f} = 1{,}35\,\frac{c}{d}\,\frac{L_1}{L}.$$

Rechteckiger Querschnitt:

Unter denselben Bedingungen wie oben:

$$\frac{P_1}{P} = \gamma'\,\frac{d^3}{a\,b^2}$$

und für eine gleiche Stärke $a\,b^2 = \gamma' d^3$, (18)

$$\frac{f_1}{f} = \gamma\,\frac{a\,b^3}{d^4}\,\frac{L_1}{L}$$

und für eine gleiche Stärke

$$\frac{f_1}{f} = \gamma\gamma'\,\frac{b}{d}\,\frac{L_1}{L}, \qquad (19)$$

Formeln, in welchen γ und γ' von dem Verhältnis $\frac{a}{b}$ abhängen, und deren Werte sich aus der graphischen Darstellung Nr. 6[1]) ergeben.

Elliptischer Schnitt:

Immer unter denselben Bedingungen wie vorstehend:

$$\frac{P_1}{P} = \frac{d^3}{a\,b^2}$$

und für einen gleichen Wert von $a\,b^2 = d^3$, welche auch immer die Werte von a und b sein mögen, während:

$$\frac{f_1}{f} = 2\,\frac{a^3 b^3}{d^4(a^2 + b^2)}\,\frac{L_1}{L} = \frac{2\,a\,b^3 L_1}{x\,d^4 L}$$

und für eine gleiche Stärke

$$\frac{f_1}{f} = \frac{2\,b\,L_1}{x\,d\,L},$$

Formeln, in welchen $x = 1 + \left(\frac{b}{a}\right)^2$ ist und durch dieselbe graphische Darstellung Nr. 6 nach dem Werte von $\frac{a}{b}$ gegeben ist.

---

[1]) Diese Koeffizienten haben die Werte $\gamma = \frac{8}{\Delta x}$ und $\gamma' = \frac{\pi}{8\Delta'}$.

Diese Formeln, welche die Beziehung zwischen den Stärken und den Biegsamkeiten für eine Feder aus kreisförmigem Draht festlegen, gestatten, wie wir es aus den folgenden Beispielen ersehen werden, schnell die Ausmaße von jeder Feder zu bestimmen.

Wir machen hier darauf aufmerksam, daß der Wert des Produktes $\gamma\gamma'$ von 1,35 für $\frac{a}{b} = 1$ bis zu 1,86 für $\frac{a}{b} = 2$ steigt, und daß dieser Wert gleich 1,95 oder 2 für jeden Wert von $\frac{a}{b}$ gleich oder größer als 3 angenommen werden kann.

Raumbedarf der Federn.

Die Formeln (10), (11) und (12) enthalten verschiedene unbekannte Größen, deren Bestimmung oft von dem Raume abhängt, welchen man zur Verfügung hat. Man kann leicht feststellen, daß sich die Höhe des nötigen Raumes mit dem Aufwicklungsdurchmesser der Feder ändert. Es ist daher sehr nützlich, für gewisse Verwendungen die Beziehungen zu kennen, die zwischen den verschiedenen veränderlichen Größen vorhanden sind, um so Versuche und Unsicherheiten bei den Berechnungen zu vermeiden.

Nennen wir „theoretische Ausmaße" des nötigen Raumes den mittleren Aufwicklungsdurchmesser D des Stabes und die theoretische Höhe $H = H - F$, welche man erhält, wenn unter dem Maximum der Belastung die Feder von der nützlichen Höhe H vollständig zu einem Block zusammengepreßt ist, wobei die Gesamtbiegung ihr Maximum F erreicht.

Bezeichnen wir mit:

P die Last, welche eine Beanspruchung R' verursacht,

f die Gesamtbiegsamkeit oder Gesamtdurchbiegung pro % kg Belastung,

n die Anzahl der nützlichen Windungen,

H die theoretische Höhe, die erreicht wird, wenn die Feder vollständig zu einem Blocke zusammengepreßt ist.

Federn aus rundem Draht.

Man hat dann für die Höhe einer zu einem Block zusammengepreßten Feder $H = n \cdot d$, und die Formel (12), die die Biegsamkeit ausdrückt, f % kg, wird zu:

$$f = \frac{800}{G'} \cdot \frac{D^3}{d^4} \cdot H.$$

Wenn wir die Beziehung $\frac{D}{d}$ durch t bezeichnen, so erhält man:

$$P = \frac{\pi}{8} \frac{d^2}{t} R' \qquad \text{und} \qquad f = \frac{800}{G'} \frac{t^3}{d^2} \cdot H.$$

Schreibt man jetzt die Gleichung der aus diesen beiden Formeln gezogenen Werte von d^2, so erhält man:

$$\frac{8}{\pi} \cdot \frac{P}{R'} t = \frac{800}{G'} \frac{t^3}{f} \cdot H,$$

so daß

$$t = \sqrt{\frac{G'}{100 \pi R'} \frac{Pf}{H}}$$

wird oder in Funktion der elastischen Verlängerung i_1, welche der Last P entspricht

$$t = \sqrt{\frac{Pf}{200 \pi \cdot i_1 H}}.$$

Wir werden aus dem folgenden Beispiele ersehen, daß dieser Wert der erste ist, welcher festgesetzt werden muß, um eine Feder zu bestimmen, wenn ihre Höhe schon bestimmt ist, z. B. durch den verfügbaren Raum.

In den meisten Fällen in der Praxis ergeben die angenommenen Maße oder diejenigen, zu welchen man kommt, für dieses Verhältnis einen Wert von ungefähr 6 bis 10. Dieses Verhältnis kann jedoch mitunter, und zwar nach der verfügbaren Höhe, größer als 10 angenommen werden, woraus sich eine geringere Höhe H ergibt. Man darf jedoch nicht in diesem Sinne übertreiben, und daher übersteigt man in der Praxis nicht die Werte von 20 oder 25.

Aber auf keinen Fall darf der Wert zu klein sein. Nur in außergewöhnlichen Fällen darf er sich dem Werte 4 nähern, da das Metall mit einem geringeren Werte als 4 eine zu große Formänderung bei der Herstellung der Feder erleiden würde.

Ebenso müßte in der Praxis die Höhe H bei der Herstellung kleiner sein als das Fünffache des mittleren Aufwicklungsdurchmessers, um das seitliche Knicken der Feder und die Reibung der Feder gegen ihre Führungen zu vermeiden.

Federn aus Draht von beliebigem Querschnitt.

Wenn die Feder aus einem Draht mit einem anderen als kreisförmigen Querschnitt hergestellt ist, so sind dieselben Bedingungen zu beobachten, aber man läßt dann für die obenerwähnte praktische Begrenzung den Wert des Verhältnisses zwischen dem mittleren Aufwicklungsdurchmesser und dem Maße des zu der Wicklungsachse der Feder winkelrechten Schnittes zu.

Die Formeln, bezüglich auf diese Schnitte, gestatten, auf dieselbe Weise die Werte von t in Funktion der charakteristischen Maße der Feder festzusetzen. Man kommt so wieder auf Formeln gleicher Art wie die für runden Draht. Man kann sie daher durch die allgemeine Formel ausdrücken:

$$t = z\sqrt{\frac{G'}{R'}\frac{Pf}{H}} = z\sqrt{\frac{P \cdot f}{2\,i_1 \cdot H}}, \tag{20}$$

in welcher z ein je nach der Form und der Richtung des Schnittes veränderlicher Koeffizient ist.

Die einzigen für die Praxis wirklich nützlichen Werte sind diejenigen für runde und quadratische Querschnitte, welche sind:

für runden Draht . . . . $z = 0{,}0564$
für quadratischen Draht . . . . $z = 0{,}0655$

Für rechteckige und elliptische Querschnitte verändert sich dieser Koeffizient, dessen Wert man leicht feststellen kann, dermaßen, daß es nicht nützlich erscheint, hier diese Werte anzugeben, denn er hängt nicht nur von dem Verhältnisse der Maße des Querschnittes ab, sondern auch von der Lage desselben.

Schnelle Berechnungsmethode für zylindrische Schraubenfedern.

Erste Methode:

Federn aus rundem oder quadratischem Draht.

Indem wir uns auf die oben gemachte Anmerkung in bezug auf die in der Praxis zulässige Beanspruchung pro qmm stützen, haben wir eine graphische Darstellung gemacht, die nach der Formel (10) das Verhältnis wiedergibt, welches zwischen der Gesamtlast, die eine Beanspruchung von 30 kg pro qmm verursacht, und dem Durchmesser oder der Seite des Drahtes, und dem mittleren Aufwicklungsdurchmesser besteht.

Diese graphische Darstellung Nr. 5 (S. 40, 41) erlaubt, direkt (schräge Linie nach links und linker Maßstab) einen der drei Werte abzulesen, wenn die beiden anderen bekannt sind.

Dieselbe graphische Darstellung gibt auch das Verhältnis an (schräge Linie nach rechts und rechter Maßstab), welches sich aus der Formel (11) für die Biegsamkeit pro Windung ergibt, in welcher wir für Stahl $G = 8{,}000$[1]) angenommen haben.

Federn aus Draht mit quadratischem und elliptischem Querschnitt.

Die graphische Darstellung Nr. 6 gibt die Formeln für Federn aus quadratischem und elliptischem Draht und ebenso die betreffenden Werte der Stärke und der Biegsamkeit im Vergleich zu Federn aus rundem Draht. Die Kurven dieser graphischen Darstellung geben die Werte der Koeffizienten Δ, Δ', x, γ und γ' an, welche in diesen Formeln angewendet werden, und welche von dem Verhältnis a der Maße des Querschnittes abhängen.

Diese Koeffizienten erlauben die direkte Auflösung der Gleichungen für die Belastung und die Biegung oder auch die leichte Bestimmung der Maße einer Feder aus rechteckigem oder elliptischem Draht nach den Resultaten, welche sich aus der graphischen Darstellung für runden Draht gleicher Stärke ergeben.

Die hauptsächlichen graphischen Darstellungen für Federn aus rundem Draht sind nach diesen Formeln vervollständigt worden, und zwar jede durch einen Maßstab für Federn aus Draht mit quadratischem Querschnitte.

Diese erste Methode erlaubt, in derselben graphischen Darstellung die veränderlichen Größen abzulesen, welche in den meisten Anwendungen in der allgemeinen Mechanik von Einfluß sind. Nur die Höhe des nötigen Raumes ist hier nicht angegeben, was eben zur Folge hat, daß, wenn diese unbestimmte Größe in Betracht gezogen werden muß, man die graphischen Darstellungen der zweiten Methode, welche übrigens allgemeiner ist, anzuwenden hat.

Zweite Methode:

Die Anwendung der graphischen Darstellungen Nr. 7, 8 und 9 erlaubt den verfügbaren Raum ohne Unsicherheit und ohne zu suchen in die Rechnung einzuführen.

[1]) Siehe die wichtige Anmerkung über diesen Wert (S. 151).

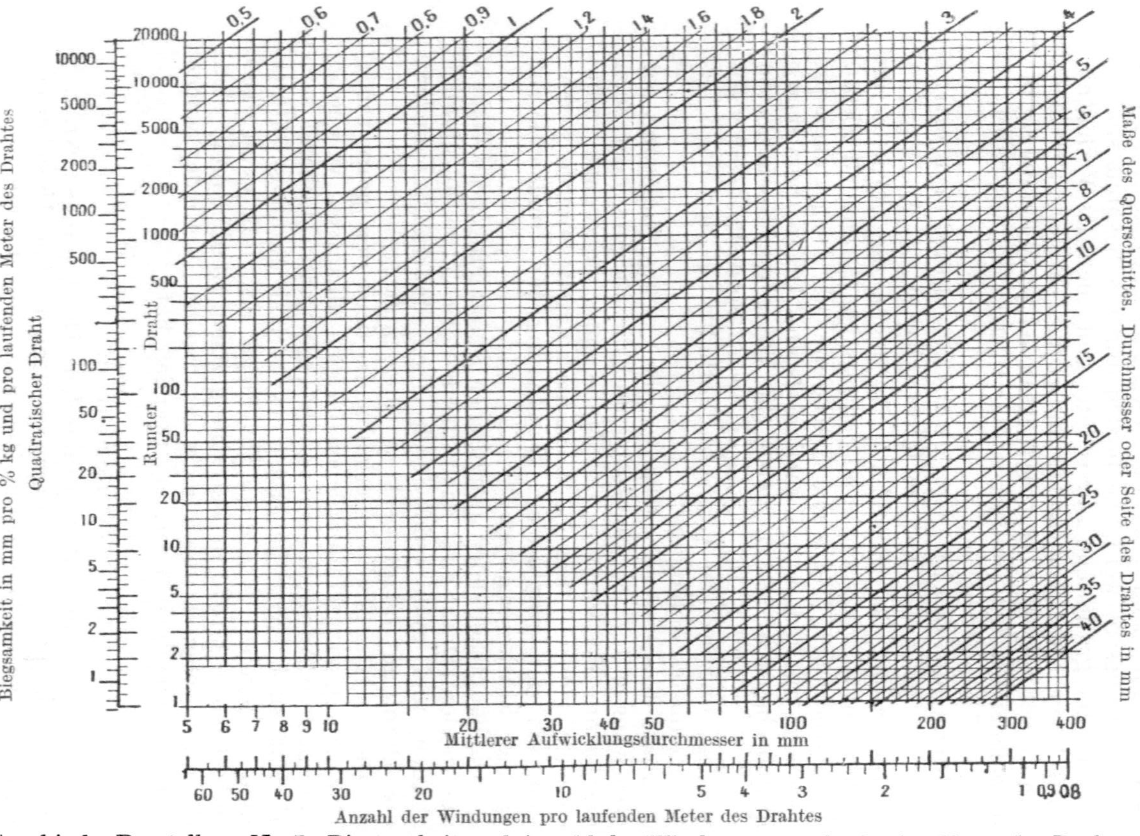

Graphische Darstellung Nr. 7. Biegsamkeit und Anzahl der Windungen pro laufenden Meter des Drahtes.

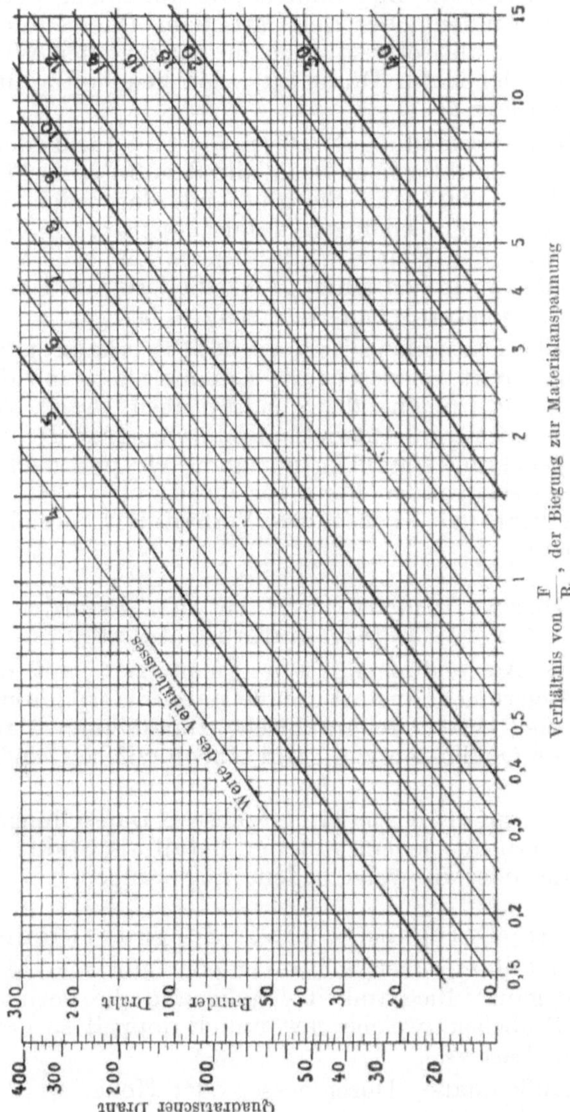

Graphische Darstellung Nr. 8. Verhältnis t. Gesamthöhe und Gesamtbiegung.

Die graphische Darstellung Nr. 7 (S. 50) gibt nach den Formeln (11) und (12) die Biegsamkeit pro laufendem Meter des Drahtes von rundem oder quadratischem Querschnitte für $G = 8{,}000$[1]) an, und ebenso auch die Anzahl der Windungen pro laufender Meter Draht für jeden beliebigen Aufwicklungsdurchmesser.

Die graphische Darstellung Nr. 8 (S. 51) gibt für Federn aus rundem oder quadratischem Draht die Resultate der Formel (20) für $G' = 8{,}000$[1]) an. Sie gibt außerdem nach der Durchbiegung, die einer beliebigen Materialanspannung entspricht, oder nach der Stärke und Biegsamkeit, das Verhältnis an, welches zwischen t und H bei Federn aus Draht mit rundem oder quadratischem Querschnitt besteht.

Die graphische Darstellung Nr. 9 (S. 56, 57) erlaubt nach der Formel (10) direkt abzulesen: die Gesamtlasten und die Werte d oder c für runden oder quadratischen Draht, für einen beliebigen mittleren Aufwicklungsdurchmesser D und für eine Beanspruchung von 32 kg pro qmm, ein praktischer Wert, der zugelassen werden kann für die durch $i = 0{,}006$ bestimmte Qualität und ebenso das Verhältnis t, welches diesem entspricht.

Graphische Darstellung für Federn aus besonderen Stahlen oder aus jedem anderen Metall.

Für gewisse Anwendungen, wenn man sich auf die elastische Verlängerung i, anstatt auf die Materialanspannung $R_{\prime}$ stützt, können besondere graphische Darstellungen für die verschiedenen Qualitäten von Stahl sehr nützliche Dienste leisten.

Man könnte ebenfalls besondere graphische Darstellungen machen für Federn aus jedem anderen Metall als Stahl, so z. B. für Messing oder für verschiedene Legierungen

Beispiel für die Berechnung einer Schraubenfeder.

Für die Herstellung einer Schraubenfeder gibt man sich gewöhnlich die ganze Biegsamkeit f % kg und die normale Last oder die Probelast (welche gewöhnlich doppelt so groß als die normale Last ist).

Eines der Außenmaße, Durchmesser oder Höhe, werden nach dem verfügbaren Raume gewählt.

[1]) Siehe die wichtige Anmerkung über diesen Wert (S. 151).

Erste Methode:

Nehmen wir z. B. die folgenden Größen an:

Normale Belastung	900 kg
Ganze Biegung % kg	7,5 mm
Mittlerer Aufwicklungsdurchmesser . . .	135 mm

Runder Draht.

Die graphische Dartsellung Nr. 5 gibt uns durch die Kreuzung der Linien, horizontale 900 und vertikale 135, den Durchmesser des zu verwendenden Drahtes an, denn man liest direkt den Wert von $d = 22$ mm ab.

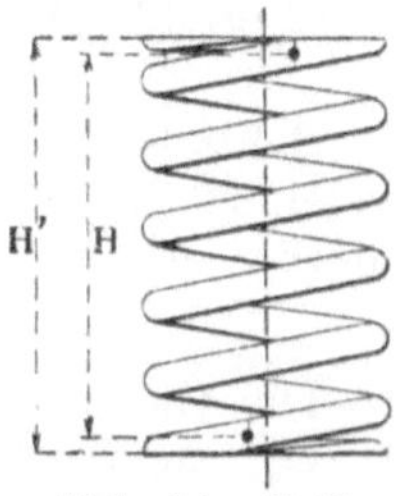

Für diese Maße ist die Biegung pro Windung und pro kg, welche man auch gleich von der graphischen Darstellung ablesen kann, gleich 0,011 mm.

Daraus kann man die Anzahl der nötigen Windungen nach der Gesamtbiegung pro % kg bestimmen:

$$\frac{7,5}{0,011 \cdot 100} = 6,8 .$$

Abb. 14. Zylindrische Schraubenfeder aus rundem Draht.

Die Biegung pro Windung unter der normalen Belastung ist gleich

$$0,011 \cdot 900 = 9,9 \text{ mm} .$$

Um eine doppelt so große Probebelastung mit einer Materialanspannung von 60 kg pro qmm zuzulassen, muß daher die Steigung der Windungen gleich dem Durchmesser des Drahtes plus zweimal die Biegung pro Windung sein, also:

$$p = 22 + 2 \cdot 10 = 42 \text{ mm} .$$

Die nützliche Gesamthöhe der Feder wird daher:

$$H = 42 \cdot 6,8 = 285 .$$

Die wirkliche praktische Höhe oder die Entfernung zwischen den Auflageflächen wird, wenn man die letzten geschlossenen und abgeschliffenen Windungen in Rechnung zieht: $H' = H + (1 \text{ bis } 1,5 d)$.

In dem hier besprochenen Falle wird diese wirkliche Größe zu ungefähr

$$H' = 310 \text{ mm} .$$

Eine geringere Steigung als die oben angegebene, durch welche man eine niedrigere Feder erhalten würde, würde natürlich auch den Anforderungen entsprechen, aber dann müßte die Probebelastung entsprechend verringert werden.

Quadratischer Draht.

Wenn der Draht quadratisch ist, so gibt uns die graphische Darstellung Nr. 5 direkt und auf dieselbe Weise:

$$c = \text{ungefähr } 21{,}5\,.$$

Biegung pro Windung für quadratischen Draht und pro kg für 21,5 mm Seitenbreite = 0,0082, woraus die Anzahl der Windungen abgeleitet werden kann:

$$n = \frac{7{,}5}{0{,}0082 \cdot 100} = 9\,.$$

Biegung pro Windung unter der normalen Belastung:

$$0{,}0082 \cdot 900 = 7{,}4\,.$$

Schließlich der Gang der Windungen für die Herstellung, welcher eine doppelt so große Probebelastung als die normale zuläßt, ergibt:

$$p = 21{,}5 + 2 \cdot 7{,}4 = \text{ungefähr } 36{,}5\,.$$

Die theoretische Höhe wird $H = 36{,}5 \cdot 9 = 328{,}5$.

Die wirkliche Herstellungshöhe oder die Entfernung zwischen den Auflageflächen wird:

$$H' = 328{,}5 + 1{,}5 \cdot 21{,}5 = \text{ungefähr } 360\,\text{mm}\,.$$

Rechteckiger oder elliptischer Draht.

Für eine Feder aus rechteckigem oder elliptischem Draht nimmt man den ungefähren Wert von $\frac{a}{b}$ als bekannt an, und man könnte dann direkt die Gleichungen auflösen, welche in der Tabelle (S. 42, 43) enthalten sind nach den ebenfalls gegebenen Werten der Koeffizienten, oder aber, man könnte auch die Werte von den Resultaten ableiten, welche die graphische Darstellung für runden Draht angibt.

So z. B. für einen rechteckigen Querschnitt wie $\frac{a}{b} = 1{,}8$ hat man für eine gleiche Federstärke entweder $P_1 = P$, und nach (18), mit $\gamma = 0{,}81$, entsprechend dem gewählten Verhältnis $\frac{a}{b} = 1{,}8$

$$a b^2 = 0{,}81\, d^3 = 0{,}81 \cdot 22^3 = 8600\,,$$

woraus man leicht ableiten kann:

$$b^3 = \frac{8{,}600}{1{,}8} = 4{,}800\,,$$

daher $b = 16{,}9$ und $a = 16{,}9 \cdot 1{,}8 = 30{,}3$.

Man kann annähernde Werte nehmen, so z. B. 17 · 30.

Man findet dann, entweder nach der direkten Formel oder nach (19), die nötige Länge des Drahtes, die Anzahl der Wicklungen, ebenso den Gang der Windungen für die Herstellung und die Höhe wie im vorhergehenden Beispiel.

Zweite Methode.

Man soll eine Feder mit einfacher Wicklung aus quadratischem Draht herstellen, welche den folgenden Bedingungen entspricht:

Normale Last (für $R = 32$ kg) . . . . 700 kg
Gesamtdurchbiegung % kg . . . . 5 mm
Belastung, die die Feder vollständig zusammendrückt . . . . 1200 kg
Wirkliche Gesamthöhe unter normaler Belastung . . . . 125 mm.

Nehmen wir an, unter Einrechnung der geschlossenen Enden, daß die theoretische Höhe unter normaler Belastung $H =$ ungefähr 105 ist. Die Biegung unter dieser Belastung wird dann sein: $F = \frac{700 \cdot 5}{100} = 35$, und die theoretische Herstellungshöhe wird werden: $H' = 105 + 35 = 140$. Die Gesamtbiegung, um die Feder zusammenzudrücken, wird: $\frac{1200 \cdot 5}{100} = 60$, und die theoretische nützliche Höhe der Feder, wenn sie in einem Block zusammengepreßt ist, wird $H = 140 - 60 = 80$.

Die graphische Darstellung Nr. 8 (S. 51) gibt uns für diesen Wert $H = 80$ und für $\frac{F}{R'} = \frac{35}{32} = 1{,}09$, und der Wert t wird:

$$t = 6{,}8 \text{ bis } 6{,}9 \text{ für quadratischen Draht.}$$

(Für runden Draht erhält man aus derselben graphischen Darstellung $t = 5{,}9$.)

Dieser Wert ist natürlich nur eine Andeutung, aber man muß sich demselben so viel als möglich nähern, wenn es angemessen erscheint, nicht zu sehr von der für die Feder bestimmte Höhe abzuweichen.

Die graphische Darstellung Nr. 9 (S. 56, 57) gibt für diesen Wert $t = 6{,}9$ und für die normale Belastung von 700 kg den Aufwicklungsdurchmesser $D = 130$ und für die Seite des Drahtes $c = 19$ mm.

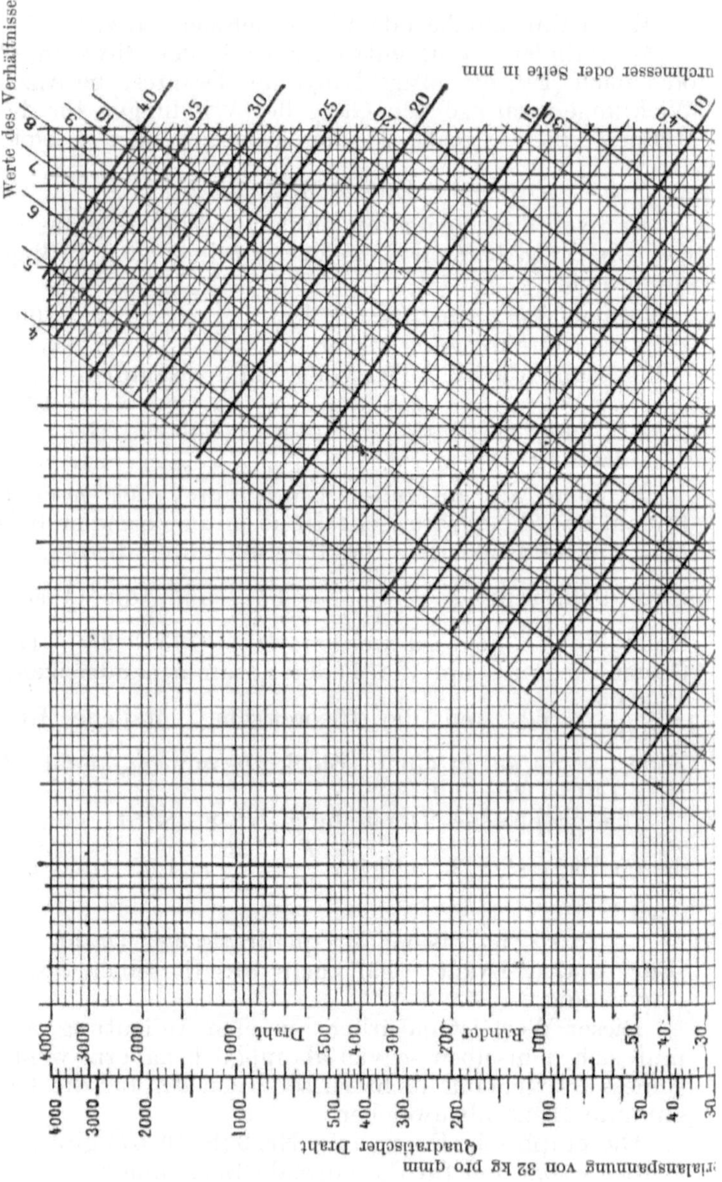
Werte des Verhältnisses
urchmesser oder Seite in mm
Runder Draht
4000 3000 2000 1000 500 400 300 200 100 50 40 30
Quadratischer Draht
4000 3000 2000 1000 500 400 300 200 100 50 40 30
rialanspannung von 32 kg pro qmm

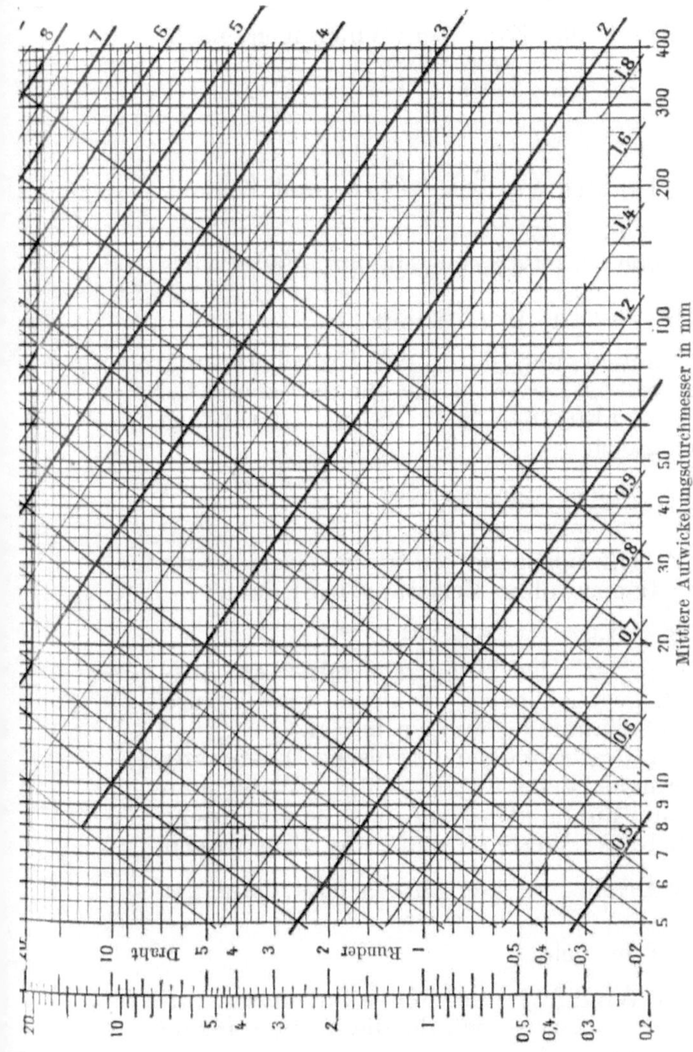

Graphische Darstellung Nr. 9. Praktische Belastung und Maße der Federn.

Die graphische Darstellung Nr. 7 (S. 50) gibt uns dann noch für dieselben Werte und pro laufenden Meter Draht die Biegsamkeit $\frac{f}{L} = 3$ und die Zahl der Windungen nach $\frac{L}{n} = 2{,}45$.

Man erhält dann:

Ganze Länge des Drahtes $L = \frac{5}{3} = 1{,}670$ m, und die Zahl der Windungen: $n = 2{,}45 \cdot 1{,}67 = 4{,}1$.

Die theoretische Höhe der zusammengepreßten Feder wird dann

$$H = n \cdot c = 4{,}1 \cdot 19 = 78 \text{ mm}.$$

Da die Gesamtdurchbiegung unter der Probebelastung von 1200 kg 60 mm beträgt, so wird die theoretische Herstellungshöhe $H + Fm$, also $78 + 60 = 138$, und der Gang der Windungen wird gleich

$$p = \frac{138}{4{,}1} = 33{,}5.$$

Die wirkliche Fabrikationshöhe oder die Entfernung zwischen den Auflageflächen ohne Belastung wird dann:

$$H' = 138 + 1{,}5 \cdot 19 = \text{ungefähr } 166.$$

Wenn man sich anstatt der Höhe den mittleren Aufwicklungsdurchmesser gegeben hätte, so würde man ebenso leicht die anderen Unbekannten gefunden haben.

So z. B. für $D = 110$ gibt uns die graphische Darstellung Nr. 9 für 700 kg normaler Belastung $c = 17{,}8$. Wenn man einen Draht von 18 mm annimmt, so gibt uns die graphische Darstellung Nr. 7 für diese Werte D und c die Biegsamkeit pro laufenden Meter Draht $\frac{f}{L} = 2{,}5$, woraus man die ganze Länge $L = \frac{5}{2{,}5} = 2{,}000$ m zieht.

Da die Anzahl der Windungen pro Meter für diesen Aufwicklungsdurchmesser 2,9 ist, so würde die Gesamtanzahl der nützlichen Wicklungen sein:

$$n = 2{,}9 \cdot 2{,}0 = 5{,}8.$$

Die theoretische Höhe der zum Block zusammengepreßten Feder würde dann sein:

$$H = 5{,}8 \cdot 18 = 104,$$

anstatt 80, den Wert, welchen wir vorher festgestellt hatten.

Die theoretische Fabrikationshöhe, der Gang der Windungen und alle anderen Unbekannten würden sich leicht, wie oben angegeben, finden.

§ 2. Kegelfedern oder konische und parabolische Schraubenfedern.

In gewissen Fällen und aus verschiedenen Gründen sieht man sich veranlaßt, Federn von besonderer Form, welche im allgemeinen durch die Abb. 15, 16 und 17 dargestellt sind, anzuwenden.

Die Resultate in bezug auf die wirkliche Biegsamkeit sind schwer zu bestimmen, infolge der mitunter bedeutenden Abweichungen zwischen der praktischen Herstellung dieser Federn und den Voraussetzungen, welche für die Aufstellung der theoretischen Formeln als Basis gedient haben, Abweichungen, deren Einfluß sich noch stärker bemerkbar macht als wie bei den zylindrischen Schraubenfedern.

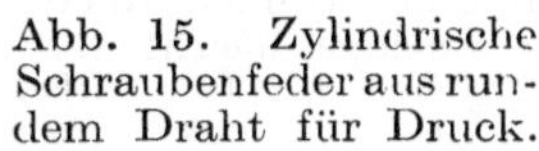

Abb. 15. Zylindrische Schraubenfeder aus rundem Draht für Druck.

Die Art der Herstellung dieser Federn ist oft sehr verschieden, je nach den Fällen.

Die Abb. 15 stellt eine Kegelstumpffeder aus rundem Stahl, mit konstanter Steigung und mit kreisrunder Wicklung auf einen geraden Kegel als Leitfläche dar. Die Enden sind geschlossen und abgeschliffen wie bei den zylindrischen Schraubenfedern, um eine gute Auflagerung auf dem ganzen Umfang zu erzielen.

Die Abb. 16 stellt eine Kegelstumpffeder aus einem rechteckigen Stabe dar. Die Abb. 17 stellt eine gleiche Feder, aber aus sehr breitem rechteckigen Stabe dar. Man vermeidet bei ihrer Herstellung eine Formänderung des Stabes in der Richtung seines größten Maßes, indem man für die Aufwicklung einen konstanten Steigungswinkel zu einer zur Federachse winkelrechten Fläche beibehält. Der Gang ist dann in jedem Punkte veränderlich auf der ganzen Länge der Feder, ebenso wie der Aufwicklungshalbmesser.

Zu dem Zwecke, um für bestimmte Belastungs- und Biegungsbedingungen den nötigen Raumbedarf für die Federn zu vermindern, sucht man oft in besonderen Fällen, einen gleichmäßigen Zwischenraum zwischen den Windungen zu erhalten (Abb. 17).

Mit dieser Bedingung bildet die Leitfläche für die Aufwicklung der mittleren Faser nicht mehr einen geraden Kegel, sondern eine Aufwicklungsfläche derart, daß in einem beliebigen Punkte der Aufwicklungshalbmesser dem von der Spitze des Kegels bis zu diesem Punkte beschriebenen Winkel als Anfangspunkt der Aufwicklung proportional ist.

Abb. 16. Kegelstumpffeder mit konstantem Steigungswinkel. Rechteckiger Draht.

Es ist leicht, die Gleichung dieser Fläche aufzustellen.

Setzen wir voraus, daß der Zwischenraum zwischen den verschiedenen Windungen konstant ist, so ist die Projektion der neutralen Faser auf eine Ebene winkelrecht zur Achse eine Kurve (Abb. 20) derart, daß

$$\frac{r - r'}{\omega - \omega'} = \text{Konstante} = m = \frac{r}{\omega}$$

$$= \frac{r'}{\omega'} = \cdots,$$

und hieraus ergibt sich

$$r = m\omega . \tag{21}$$

Diese Gleichung ist die einer archimedischen Spirale.

Die entwickelte Länge vom Zentrum bis zu einem beliebigen Punkte ist

$$x' = \frac{m}{2}\left[\omega\sqrt{1+\omega^2} + \text{nat}\cdot\log\cdot\left(\omega + \sqrt{1+\omega^2}\right)\right].$$

In der Praxis kann man den zweiten Wert der Klammer, sowie die Einheit vor ω^2, weglassen. Dann hat man als annähernden Wert der entwickelten Länge:

$$x' = \frac{m\omega^2}{2} = \frac{r\cdot\omega}{2}. \tag{22}$$

Andererseits haben wir noch den Wert der entwickelten Länge:

$$x' = x \cdot \cos\alpha = y \cdot \operatorname{cotg}\alpha\,,$$

wonach

$$y \cdot \operatorname{cotg}\alpha = \frac{r \cdot \omega}{2}\,. \tag{23}$$

Schreibt man die Gleichung der von (2) und (23) abgeleiteten Werte von ω, so hat man:

$$\frac{r}{m} = \frac{2\,y \cdot \operatorname{cotg}\alpha}{r}\,,$$

woraus sich ergibt:

$$r^2 = 2\,m\,y \operatorname{cotg}\alpha\,, \tag{24}$$

Gleichung einer Parabel, deren Achse mit der Achse der Feder zusammenfällt.

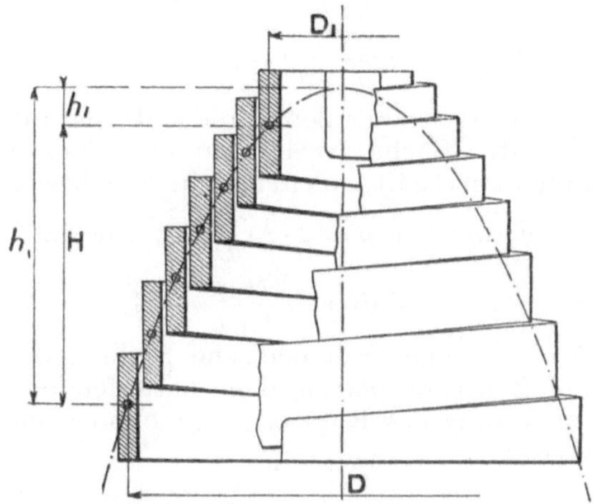

Abb. 17. Parabolische Feder mit konstantem Steigungswinkel. (Rechteckiger Stab.)

Nach diesen verschiedenen Bemerkungen machen wir zunächst darauf aufmerksam, daß, wie bei den zylindrisch aufgewickelten Federn, jeder Schnitt der Aufwicklung einem Verdrehungsmoment ausgesetzt ist. Dieses Moment, welches in jedem Punkte gleich dem Produkt aus der Kraft P und dem Aufwicklungsradius in diesem Punkte ist, ist veränderlich von der Spitze des Kegels bis zu seiner Basis, wo der Aufwicklungsradius am größten ist. Die praktische Belastung und die größte Beanspruchung werden daher für diese Federn nach dem Durchmesser der großen Basis bestimmt.

Wir werden jetzt drei Arten von Federn, welche, wie angenommen, nach einer theoretisch für jede von diesen aufgestellten Anordnung hergestellt sind, behandeln, und die als Grundlage für die Fälle dienen können, welche in der Praxis vorkommen.

Konische Schraubenfeder mit konstantem Gang.

Diese Feder (Abb. 18), deren formbestimmende Leitfläche einen geraden Kegel mit kreisrunder Grundfläche bildet, ist derart, daß die Projektion eines Stückes Gewinde auf die Achse des Kegels, welches, von der Spitze ausgehend, bis zu irgendeinem Punkte reicht, dem bis zu diesem Punkte beschriebenen Winkel proportional ist. Ihre Gleichung würde daher sein, wenn p der konstante Gang ist:

$$y = \frac{p}{2\pi}\omega .$$

Die Projektion der neutralen Linie auf eine zur Federachse winkelrechte Fläche wird dann eine Kurve bilden, deren Gleichung man erhält, indem man in der vorhergehenden den Wert von y, welcher $y = 2 \cdot r \cdot \frac{h}{D}$ ist, einsetzt.

Man folgert daraus, daß $r = \frac{D}{4\pi}\frac{p}{h}\omega$ ist.

Diese Kurve ist eine archimedische Spirale, deren Entwicklung vom Zentrum bis zu dem betreffenden Punkte, wie wir es am Anfang des Kapitels angenommen haben, ungefähr gleich ist:

$x' = \frac{\omega \cdot r}{2}$, Formel, in welcher in Funktion von $y \ldots x'$ $= \frac{D \cdot \omega \cdot y}{4h}$ ist.

Wenn wir diese Feder als auf eine Ebene, parallel zur Achse des Kegels entwickelt annehmen, so erhalten wir eine Kurve (Abb. 18), deren Gleichung man schreiben kann, indem man ω durch seinen Wert:

$$x' = \frac{D}{4h}\frac{2\pi \cdot y}{p}y \qquad \text{oder} \qquad x' = \frac{\pi D}{2ph}y^2,$$

ersetzt, welches die Gleichung einer Parabel ist, deren Spitze sich in S' befindet.

Die Biegungsformel einer solchen Feder würde zu komplex ausfallen, um in der Praxis angewendet werden zu

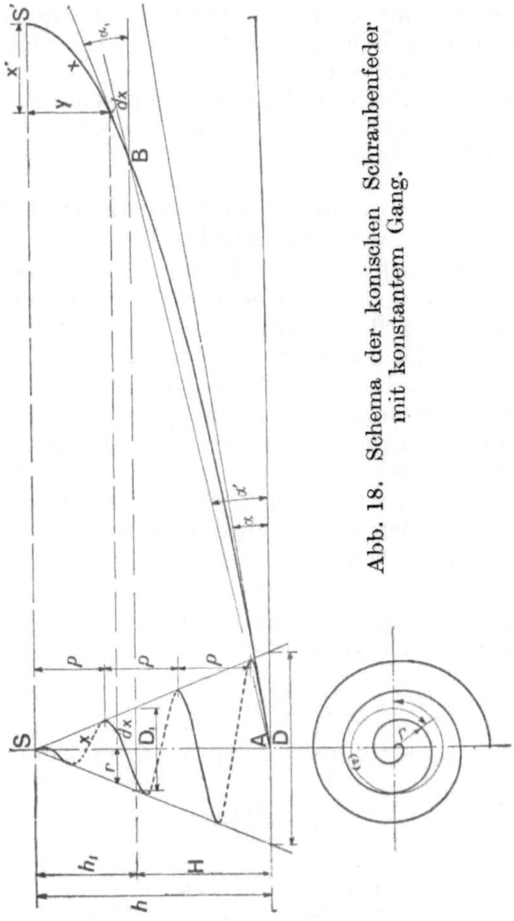

Abb. 18. Schema der konischen Schraubenfeder mit konstantem Gang.

können. Andererseits nimmt der Steigungswinkel des Drahtes, wenn man ihn auf eine winkelrecht zur Achse des Kegels stehende Ebene projiziert, beständig von der Basis an bis zur Spitze zu. Da aber, wie in den zylindrischen Federn, dieser Winkel möglichst kleiner als 6 Grad sein muß, was einem Gang von höchstens einem Drittel des Aufwicklungsdurchmessers in dem betreffenden Punkte gleich kommt, so muß er gleich dem Drittel des kleinsten Durchmessers in dem Falle von Kegelstumpffedern sein.

Die Abb. 18 zeigt, daß wir in diesem Falle praktisch den Teil der Kurve, welcher in Frage kommt, als eine gerade Linie betrachten können, welche mit der Grundfläche einen Winkel α' bildet, der zwischen α und α_1 liegt.

Wir kommen so auf den Fall, welchen wir im nächsten Paragraphen besprechen werden, einer konischen Feder mit konstantem Steigungswinkel.

Konische Schraubenfeder mit konstantem Steigungswinkel.

In dieser Feder (Abb. 19) ist die formbestimmende Leitfläche ebenfalls ein gerader Kegel mit kreisrunder Basis, aber die Aufwicklung des Drahtes ist derart, daß ihre Tangenten in allen Punkten immer denselben Winkel α mit einer zur Federachse winkelrechten Fläche bilden.

Wenn wir ein beliebiges unendlich kleines Element dx betrachten, und wenn die Länge x nach der Entwicklung des Drahtes von der Spitze des Kegels, wo die Aufwicklung anfängt, gemessen wird, so ist der Verdrehungswinkel $d\theta$, und die Biegung einer Feder, welche aus diesem einzigen Elemente gebildet wäre, würde sein

$$r \cdot d\theta .$$

Für Federn von rundem Drahte wird der elementare Verdrehungswinkel dann bestimmt durch:

$$d\theta = \frac{M}{G' I_0} dx = \frac{Pr}{G' I_0} dx .$$

Ersetzt man nun r durch seinen Wert in Funktion von x, so ist

$$r = \frac{Dx}{2l}$$

und folglich

$$r \cdot d\theta = \frac{Pr^2}{G' I_0} dx = \frac{PD^2}{4l^2 G' I_0} x^2 dx .$$

Wenn D und D_1 die Durchmesser der beiden Grundflächen einer konischen Stumpffeder sind, welche nach dieser Formel konstruiert ist, und wenn l und l_1 die Längen des Drahtes von der Spitze des Kegels ab bis zu diesem Durchmesser sind, so wird die Gesamtbiegung der Feder

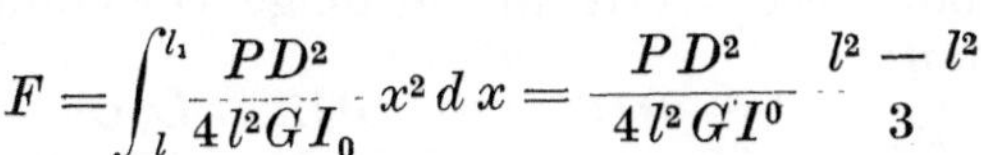

$$F = \int_{l}^{l_1} \frac{PD^2}{4 l^2 G I_0} x^2 \, d x = \frac{PD^2}{4 l^2 G I^0} \frac{l^2 - l^2}{3}$$

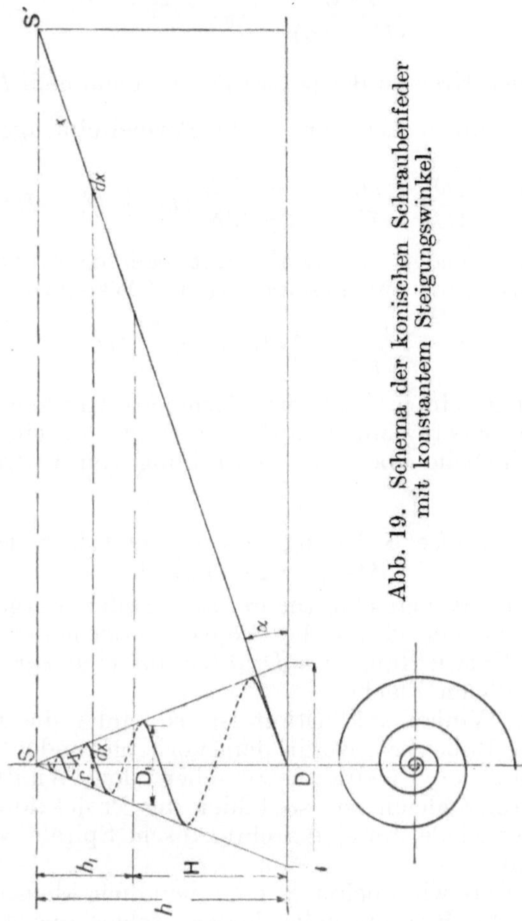

Abb. 19. Schema der konischen Schraubenfeder mit konstantem Steigungswinkel.

da aber

$$\frac{l}{D} = \frac{l_1}{D_1} = \frac{l - l_1}{D - D_1}$$

ist, so ist

$$l = \frac{Dl}{D - D_1} \quad \text{und} \quad l_1 = \frac{D_1 L}{D - D_1}.$$

Wenn man diese Werte in die obige Gleichung einsetzt, so erhält man:

$$F = \frac{P D^2}{4 \frac{D^2 L^2}{(D + D_1)^2} G' I_0} \frac{D^3 L^3 - D_1^3 L^3}{3 (D - D_1)^3}.$$

Für einen Kreis ist das polare Trägheitsmoment $I_0 = \frac{\pi d^4}{32}$; und wenn man diesen Wert in die Formel einträgt, so erhält man:

$$F = \frac{P L \cdot 32 (D^3 - D_1^3)}{4 G' \pi d^4 3 (D - D_1)} = \frac{8}{3\pi} \frac{P L}{G' d^4} (D^2 + D_1^2 + D D_1) \qquad (25)$$

Für eine Feder aus Draht mit beliebigem Querschnitt kommen wir dann auf dieselbe Art und Weise zu der Formel

$$F = \frac{P L}{12 K G'} \frac{I_0}{\omega^4} (D^2 + D_1^2 + D D_1), \qquad (26)$$

in welcher K ein je nach der Form des Querschnittes veränderlicher Koeffizient ist, dessen Werte in einer vorhergehenden Tabelle über die Verdrehung von Prismen angegeben sind.

Parabolische Schraubenfeder mit konstantem Steigungswinkel.

Die Abb. 20 zeigt eine theoretische Feder, dargestellt, wie die vorhergehende, durch die Projektion der neutralen Faser, sowie die Entwicklung des Drahtes auf eine zur Achse der Feder parallelen Fläche.

Da der Winkel α konstant ist, so bildet die Projektion eine gerade Linie AS', wie in dem vorhergehenden Falle. Da andererseits der Spielraum zwischen den Windungen als Voraussetzung gleich ist, so bildet die Projektion der neutralen Faser wiederum eine archimedische Spirale, wie in dem ersten Falle.

Betrachten wir nochmals ein unendlich kleines Element dx, so ist die Biegung einer Feder, welche aus diesem einzigen Elemente besteht, $= r \cdot d\theta$.

Für eine Feder aus Draht mit kreisrundem Querschnitt haben wir dann

$$d\theta = \frac{M \cdot dx}{G' I_0},$$

und die Biegung dieser elementaren Feder würde sein

$$r \cdot d\theta = \frac{P\,r^2}{G' I_0}\,dx\,. \tag{27}$$

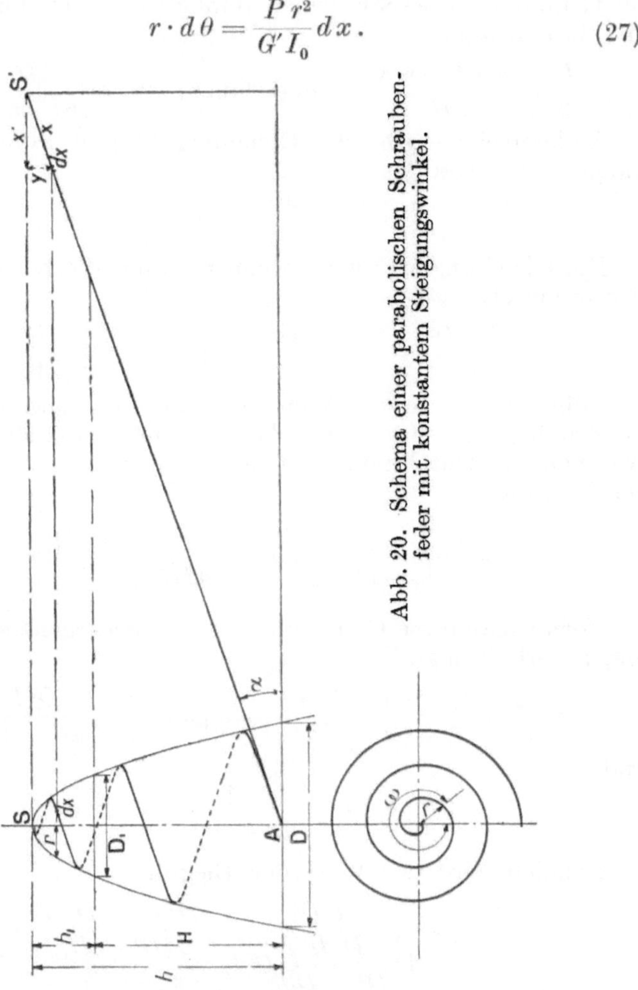

Abb. 20. Schema einer parabolischen Schraubenfeder mit konstantem Steigungswinkel.

Die Formel (24) gibt uns den Wert von r^2 in Funktion von x, und man kann daher schreiben:

$$r \cdot d\theta = \frac{P}{G' I_0}\,2\,m \cdot y \cdot \mathrm{cotg} \cdot dx = \frac{P}{G' I_0}\,2\,m \cdot x \cos\alpha \cdot dx\,.$$

Oder, wenn D der Durchmesser der Grundfläche und l die dazu gehörige Länge von der Spitze aus ist, so ergibt der von der Formel (22) abgeleitete Wert des von der Spitze bis zur Grundfläche beschriebenen Winkels ω, wenn man diesen in (21) einträgt:

$$\frac{D}{2} = \frac{m \cdot 4\,l \cos\alpha}{D} \quad \text{und daher:} \quad m = \frac{D^2}{8\,l \cdot \cos\alpha}.$$

Andererseits ergibt die Gleichung (22) in Funktion der Länge x des Drahtes

$$\omega = \frac{2\,x}{r} \cdot \cos\alpha\,.$$

Die Gleichung (21) wird, wenn man die Werte von m und von ω einsetzt, zu

$$r = \frac{D^2}{8\,l \cdot \cos\alpha} \cdot \frac{2\,x \cdot \cos\alpha}{r} \quad \text{und} \quad r^2 = \frac{D^2}{4\,l}\,x\,.$$

Führt man diesen Wert in (27) ein und integriert, so erhält man für eine Feder, die aus dem Stücke zwischen den Durchmessern D und D_1 gebildet ist, den Wert der Biegung

$$F = \int_l^{l_1} \frac{P\,D^2}{4\,l\,G'\,I_0}\,x\,d\,x = \frac{P\,D^2}{4\,l\,G'\,I_0}\,\frac{l^2 - l_1^2}{2}\,.$$

Formt man diese Gleichung, wie im vorhergehenden Falle, um, so erhält man:

$$\frac{l}{D^2} = \frac{l_1}{D_1^2} = \frac{l - l_1}{D^2 - D_1^2}, \quad \text{wonach} \quad l = \frac{D^2\,L}{D^2 - D_1^2}$$

und

$$l_1 = \frac{D_1^2\,L}{D^2 - D_1^2}\,.$$

Folglich wird der Wert der Biegung

$$F = \frac{P\,D^2}{4\left(\frac{D^2\,L}{D^2 - D_1^2}\right) G'\,I_0} \cdot \frac{D^4\,L^2 - D_1^4\,L^2}{2\,(D^2 - D_1^2)^2}$$

oder

$$F = \frac{P\,L}{8\,G'\,I_0} \cdot (D^2 + D_1^2)\,.$$

Für runden Draht mit $I_0 = \frac{\pi\,d^4}{32}$ hat man

$$F = \frac{4\,P\,L}{\pi\,G'\,d^4}\,(D^2 + D_1^2)\,. \tag{28}$$

Für Federn mit einem beliebigen Querschnitt kommt man auf gleiche Weise zu

$$F = \frac{P L}{8 \cdot K \cdot G'} \frac{I_0}{\omega^4} (D^2 + D_1^2) . \tag{29}$$

Anzahl der Windungen.

In dem Falle einer parabolischen Feder, welchen wir soeben behandelt haben, wird die Zahl der Windungen einer stumpfen Feder mit den Durchmessern D und D_1 gemäß Abb. 20 gleich sein:

$$n = \frac{\omega - \omega_1}{2\pi} .$$

Andererseits ist $\omega = \frac{4l}{D} \cos\alpha$, und $\omega_1 = \frac{4l_1}{D_1} \cos\alpha$,

wonach
$$n = \frac{2}{\pi}\left(\frac{l}{D} - \frac{l_1}{D_1}\right) \cos\alpha .$$

Außerdem hat man $\frac{l}{l_1} = \frac{D^2}{D_1^2}$,

so daß $\frac{l}{D} = \frac{D l_1}{D_1^2}$ und $\frac{l}{D^2} = \frac{l_1}{D_1^2} = \frac{L}{D^2 - D_1^2}$.

Folglich

$$n = \frac{2}{\pi}\left(\frac{D l_1}{D_1^2} - \frac{D_1 l_1}{D_1^2}\right) \cos\alpha = \frac{2}{\pi} \frac{l_1}{D_1^2} (D - D_1) \cos\alpha$$

und schließlich $n = \frac{2}{\pi} \frac{L(D - D_1)}{D^2 - D_1^2} \cos\alpha = \frac{2L}{\pi(D + D_1)} \cos\alpha$.

Die Zahl der Windungen wäre also gleich der einer zylindrischen Schraubenfeder von gleicher Länge des Drahtes, mit demselben Aufwicklungswinkel und von einem Durchmesser gleich dem mittleren Durchmesser der Grundflächen.

Wie bei den zylindrischen Federn kann man den Wert $\cos\alpha$ (der in der Praxis sehr klein ist) weglassen, und dann hat man:

$$n = \frac{2L}{\pi(D + D_1)} . \tag{30}$$

Dieser Wert kann in der Praxis mit genügender Genauigkeit für alle Kegelstumpffedern verwendet werden.

Formänderungen der Federn unter verschiedenen Belastungen.

Wenn wir, wie wir es bis jetzt in der ganzen Theorie getan haben, geringe Biegungen voraussetzen, so können wir leicht für jeden theoretischen Fall von der entsprechenden Biegungsformel die neue Form ableiten, welche die Feder unter einer beliebigen Belastung annehmen wird. Die Resultate, obgleich sie nicht genau für sehr starke Biegungen sind, welche in der Praxis vorkommen, geben uns jedoch eine nützliche Angabe für gewisse Fälle.

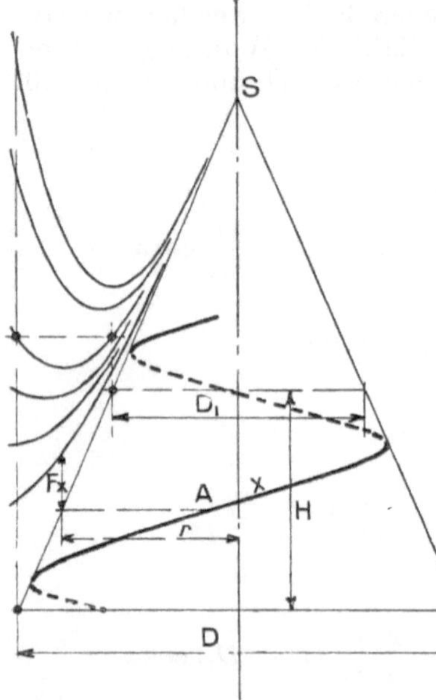

Abb. 21. Konische Schraubenfeder. Formänderung der Leitfläche unter verschiedenen Belastungen.

1. Konische Schraubenfedern mit gleichem Steigungswinkel.

Nehmen wir an, daß die theoretische Feder nur aus ihrer neutralen Faser besteht (Abb. 21). Während der durch eine beliebige Belastung P hervorgebrachten Formänderung verändert sich die Biegung in jedem Punkte nicht bedeutend, so daß dann ein beliebiger Punkt A betrachtet werden kann, als ob er immer in demselben Abstande r von der Federachse bliebe.

Andererseits hat das Federstück SA, von der Länge x, eine Biegung F_x erfahren, deren Wert durch die Formel (26) gegeben ist, indem man $D_1 = 0$ setzt, und $D = 2r$ und $L = x$.

Also $F_x =$ Konstante $\cdot P x \cdot r^2$.

Aber x ist r proportional, und folglich wird die vorstehende Formel zu:

$$F_x = \text{Konstante} \cdot P \cdot r^3 .$$

Diese Gleichung bestimmt Kurven derart, wie sie in der Abb. 21 dargestellt sind, welche die aufeinander folgenden Profile der Leitfläche, anfangs konisch, die sich jedoch unter den verschiedenen Belastungen verändert, wenn man annähme, daß diese Gleichung auch für starke Verbiegungen annehmbar wäre, angeben würde.

2. Parabolische Feder mit konstantem Steigungswinkel.

Wie in dem vorhergehenden Fall haben wir die Gleichung der Biegung in einem beliebigen Punkte

$$F = \text{Konstante} \cdot P \cdot x \cdot r^2 .$$

Aber in dieser Feder ist x proportional zu r^2, und folglich

$$F_x = \text{Konstante} \cdot P \cdot r^4 ,$$

woraus sich als aufeinander folgende Profile die Kurven der Abb. 22 ergeben.

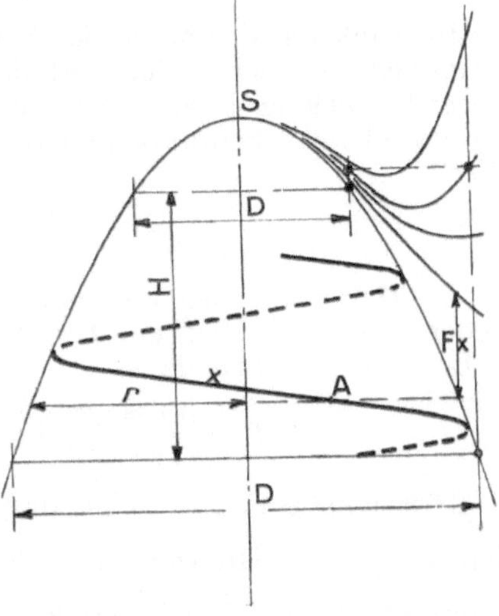

Abb. 22. Parabolische Schraubenfeder. Formänderung der Leitfläche unter verschiedenen Belastungen.

Die Kurven der Abb. 21 und 22 und ihre Gleichungen zeigen uns, daß in keinem Falle die so berechneten Federn theoretisch unter einer einfachen Belastung plattgedrückt werden können. Wir werden jedoch die Last, die die theoretischen Grundflächen mit den Durchmessern D und D_1 in dieselbe Ebene bringen würde, Plattdrückungslast nennen. Um dies in der Praxis zu erreichen, müßten natürlich die horizontalen Entfernungen zwischen den Projektionen von zwei aufeinander folgenden Windungen größer sein als der Durchmesser oder als die Dicke des Drahtes.

Wenn n' die Zahl der Windungen ist, so müßte daher

$$\frac{D - D_1}{2\,n'} > d \text{ oder } b$$

sein.

Es ist offenbar, daß eine Kegelstumpffeder von den Durchmessern D und D_1 in bezug auf Formänderung sich genau so verhält wie das Stück von der ganzen Feder, welches wir hier betrachtet haben, dies natürlich nur, wenn man voraussetzt, daß die Biegungen nicht bedeutend sind.

Aufgenommene und aufgespeicherte Arbeit oder halbe lebendige Kraft.

Wenn man immer noch, wie vorher, annimmt, daß die Biegungen den Lasten proportional bleiben, so werden wir auch für die Arbeit oder die halbe lebendige Kraft in diesen Federn die Gleichung haben:

$$T = \frac{P \cdot F}{2}.$$

In Funktion der Maße des Schnittes oder des nützlichen Raumbedarfes der Feder und der Beanspruchung sind die Formeln, welche diese Arbeit ausdrücken, dieselben wie die für zylindrische Schraubenfedern, aber multipliziert mit dem Werte

$$\frac{D^2 + D_1^2}{2\,D^2} = \frac{1}{2}\left[1 + \left(\frac{D_1}{D}\right)^2\right].$$

Die durch die Biegung einer konischen oder parabolischen Feder aus quadratischem Draht verbrauchte Arbeit würde z. B. nach der Tabelle sein:

$$T = \frac{0{,}154}{2}\,\frac{R'^2}{G'}\,V\left[1 + \left(\frac{D_1}{D}\right)^2\right].$$

Dieser neue Faktor zeigt, daß für dieselbe Arbeit und in den äußersten Grenzen der Beziehung $\frac{D_1}{D}$ der nützliche Rauminhalt einer konischen Feder in dem Verhältnisse von 1 für $D_1 = D$ bis zu 2 für $D_1 = 0$ schwankt, woraus hervorgeht, daß zylindrische Schraubenfedern vorteilhafter sind.

Vergleichung der Stärken und Biegsamkeiten von konischen oder parabolischen Schraubenfedern mit denen von gewöhnlichen Schraubenfedern.

Die vorhergehenden Betrachtungen gestatten, die hauptsächlichen Aufgaben durch eine angemessene Anwendung der Formeln, welche man in der Praxis für Federn, die im allgemeinen mit konischen Federn bezeichnet werden, aufgestellt hat, zu lösen. Wir haben in der folgenden Tabelle die umgeänderten und den verschiedenen Querschnitten angepaßten Formeln zusammengestellt, wie wir es schon für die zylindrischen Schraubenfedern getan haben.

Außerdem werden uns die folgenden Auseinandersetzungen gestatten, alle Unbekannten von den Resultaten, welche die graphischen Darstellungen für zylindrische Schraubenfedern geben, abzuleiten.

Belastung. In allen Fällen gleich mit welcher Aufwicklung, findet die größte Beanspruchung in den Querschnitten statt, welche zu dem größten Durchmesser gehören. Diese Beanspruchung oder die entsprechende Belastung wird durch die Formel für eine zylindrische Schraubenfeder von gleichem Drahtquerschnitt und von einem Aufwicklungsdurchmesser, der gleich dem größten Durchmesser der besprochenen Feder ist, gegeben.

Biegung. Was die Biegung anbetrifft, so machen wir darauf aufmerksam, daß die in diesem Kapitel für konische und parabolische Schraubenfedern aufgestellten Formeln dieselbe Form haben wie diejenigen für zylindrische Schraubenfedern.

Da alle Belastungs- und auch Beanspruchungsbedingungen bestehen bleiben, und wenn wir bezeichnen mit:

F' die Gesamtbiegung einer zylindrischen Musterfeder,

L' die entwickelte Länge des Drahtes der Feder,

D' ihren Aufwicklungsdurchmesser,

F, L, D und D_1 die Gesamtbiegung, entwickelte Länge und Durchmesser einer konischen Feder (Abb. 19) oder parabolischen Feder (Abb. 20) von gleichem Drahtquerschnitt wie die Musterfeder, welche wir als Basis für den Vergleich angenommen haben, so hat man, gemäß den schon aufgestellten Formeln:

1. Für Kegelstumpffeder (Abb. 19)

$$\frac{F}{F'} = \frac{1}{3}\frac{L}{L'}\frac{D^2 + D_1^2 + DD_1}{D'^2}. \tag{31}$$

2. Für parabolische Stumpffeder (Abb. 20)

$$\frac{F}{F'} = \frac{1}{2}\frac{L}{L'}\frac{D^2 + D_1^2}{D'^2}. \tag{32}$$

Gewichte der konischen und parabolischen Schraubenfedern im Vergleich mit den zylindrischen Schraubenfedern.

Gemäß den vorhergehenden Betrachtungen, und wenn man annimmt, daß die Formel (32) für alle Fälle anwendbar ist, sieht man sofort, daß für eine gleiche Stärke und eine gleiche Biegsamkeit das Gewicht Q einer konischen oder parabolischen Feder, im Vergleich mit dem Gewichte Q' einer

Konische und parabolische Schraubenfedern für Zug, Druck und Stoß.

Die Lage des Querschnittes zur Achse des Aufwicklungszylinders kann beliebig gewählt werden.

Querschnitt des verwendeten Drahtes	Last	Gesamt-Biegung	
		Konische Feder	Parabolische Feder
Voller Kreis (d)	$P = 0{,}39257 \frac{d^3}{D} R'$ $= 0{,}785 \frac{d^3}{D} G' i_1$	$F = \frac{8}{3\pi G'} \frac{PL}{d^4} (D^2 + D_1^2 + DD_1)$	$F = \frac{4}{\pi G'} \frac{PL}{d^4} (D^2 + D_1^2)$
Quadrat (c)	$P = 0{,}416 \frac{c^3}{D} R'$ $= 0{,}832 \frac{c^3}{D} G' i_1$	$F = \frac{5{,}594}{3\pi G'} \frac{PL}{c^4} (D^2 + D_1^2 + DD_1)$	$F = \frac{2{,}797}{\pi G'} \frac{PL}{c^4} (D^2 + D_1^2)$
Rechteck $a > b$ (a, b)	$P = \Delta' \frac{ab^2}{D} \cdot R'$ $= 2\Delta' \frac{ab^2}{D} G' i_1$	$F = \frac{\Delta}{3\pi G'} \frac{PL(a + b^2)}{a^3 b^3} (D^2 + D_1^2 + DD_1)$ $= \frac{\Delta x}{3\pi G'} \frac{PL}{ab^3} (D^2 + D_1^2 + DD_1)$	$F = \frac{\Delta}{2\pi b} \frac{PL(a^2 + b^2)}{a^3 b^3} (D^2 + D_1^2)$ $= \frac{\Delta x}{2\pi G'} \frac{PL}{ab^3} (D^2 + D_1^2)$

Ellipse $a > b$	$P = 0{,}39257 \frac{ab^2}{D} R'$ $= 0{,}785 \frac{ab^2}{D} G' i_1$	$F = \frac{4}{3\pi G'} \frac{PL(a^2+b^2)}{a^3b^3} (D^2 + D_1^2 + DD_1)$ $= \frac{4x}{3\pi G'} \frac{PL}{ab^3} (D^2 + D_1^2 + DD_1)$	$F = \frac{2}{\pi G'} \frac{PL(a^2+b^2)}{a^3b^3} (D^2 + D_1^2)$ $= \frac{2x}{\pi G'} \frac{PL}{ab^3} (D^2 + D_1^2)$

In der Praxis verwendet man sehr oft, ohne daß dadurch merkliche Unterschiede entständen, für alle Arten von konischen Federn die einfacheren Formeln der parabolischen Federn.

Die Werte des Koeffizienten Δ, Δ' und x, welche sich nach dem Verhältnis von $\frac{a}{b}$ der Maße des Querschnittes verändern, sind in der graphischen Darstellung Nr. 6 angegeben.

In allen diesen Formeln kann die Länge L ohne merklichen Unterschied durch $\pi\left(\frac{D+D_1}{2}\right) n$ ersetzt werden, in welcher Formel die Zahl der Windungen durch n bezeichnet ist.

zylindrischen Schraubenfeder mit einem Aufwicklungsdurchmesser gleich dem der großen Grundfläche der konischen oder parabolischen Feder und mit einem gleichen Drahtquerschnitt, welcher derselben Materialanspannung entspricht, bestimmt wird durch die Formel:

$$\frac{Q^1}{Q} = \frac{L}{L'} = \frac{2D^2}{D^2 + D_1^2} = \frac{2}{1 + \left(\frac{D_1}{D}\right)^2}.$$

Dieses Verhältnis wird gleich 2 für $D_1 = 0$, d. h. für eine Feder, welche bis zu ihrer Spitze S verlängert werden würde. Es nimmt ab, wenn $\frac{D_1}{D}$ zunimmt, und wird gleich 1 für $\frac{D_1}{D} = 1$ (zylindrische Schraubenfeder).

Berechnungsmethode der konischen und parabolischen Schraubenfedern vermittelst der graphischen Darstellungen.

Für die Feststellung der Maße einer beliebigen konischen oder parabolischen Schraubenfeder genügt es, vermittelst der graphischen Darstellungen die Maße für eine zylindrische Schraubenfeder zu bestimmen, die den gegebenen Bedingungen in bezug auf Stärke und Biegsamkeit bei einem Aufwicklungsdurchmesser gleich dem Durchmesser der größten Grundfläche entspricht, für welche die Formel (32) mit $D' = D$ wird:

$$\frac{F}{F'} = \frac{1}{2} \frac{L}{L'} \left[1 + \left(\frac{D_1}{D} \right)^2 \right]. \tag{33}$$

Von dieser kann man dann leicht die reellen Werte von D_1 und L für die gewünschte Feder und, wenn nötig, auch die Zahl der Windungen nach (30) ableiten, wobei wir noch darauf aufmerksam machen, daß der Querschnitt, den man für die größte Materialanspannung findet, beizubehalten ist.

Schließlich hängt noch die Höhe H, sei es von dem angenommenen Gang, sei es von sonstigen aufgestellten Bedingungen, Zusammendrückung oder nicht unter der Probebelastung usw., ab.

Um besser die Anwendung der vorstehenden Formeln und graphischen Darstellungen verständlich zu machen, lassen wir zwei berechnete Beispiele folgen:

Berechnungen von konischen und parabolischen Schraubenfedern.

Erstes Beispiel.

Man soll die Maße einer Kegelstumpffeder aus quadratischem Drahte bestimmen, welche in bezug auf Belastung und Biegsamkeit denselben Bedingungen entspricht, welche wir in dem Beispiel des vorhergehenden Paragraphen für eine zylindrische Feder angenommen hatten:

Normallast	900 kg
Biegsamkeit % kg	7,5 mm
Aufwicklungsdurchmesser	$D = 135$
	$D_1 = 65$ mm

Typ der zylindrischen Schraubenfeder. Wir müssen uns dazu auf den Typ einer zylindrischen Schraubenfeder aus Draht mit quadratischem Querschnitt und einem Aufwicklungsdurchmesser von $D' = D = 135$ stützen.

Das vorhergehende Beispiel (S. 53) hatte als notwendige Breite des quadratischen Querschnittes $c = 21{,}5$ und als Zahl der Windungen $n' = 9$ ergeben.

Hieraus ergibt sich $L' = \pi \cdot D \cdot n^1 = 3{,}14 \times 135 \times 9 = 3{,}850$ annähernd.

Die verlangte konische Feder. Für dieselbe Beanspruchung und dieselbe Stärke müssen wir denselben Querschnitt für den Draht beibehalten, also $c = 21{,}5$.

Gemäß (33) müssen wir, um dieselbe Biegsamkeit zu erreichen, eine Länge annehmen von

$$L = \frac{2\,L'}{1 + \left(\frac{D_1}{D}\right)^2} = \frac{2 \cdot 3{,}850}{1 + \left(\frac{65}{135}\right)^2} = 6{,}250 \text{ m ungefähr.}$$

Die Zahl der Windungen, welche derselben entspricht, ist

$$n = \frac{2\,L}{\pi\,(D + D_1)} = \frac{2 \cdot 6{,}250}{3{,}14\,(135 + 65)} = 20\,.$$

Wir können noch feststellen, daß die horizontale Entfernung von Achse zu Achse der Querschnitte von zwei sich folgenden Windungen, wenn sie konstant ist, gleich ist

$$\frac{D - D_1}{2\,n} = \frac{135 - 65}{2 \cdot 20} = 1{,}75 \text{ mm}\,,$$

ungefähr.

Die Feder, die man erhält, wird der Abb. 16 gleichen.

Unter einer beliebigen Belastung wird die Biegung jeder Windung natürlich nicht dieselbe auf der ganzen Länge der Feder sein. Die Windungen werden sich daher unter zunehmender Belastung nach und nach berühren, wenn nicht der Gang nach einem Gesetze derart veränderlich ist, daß der vertikal gemessene Spielraum zwischen zwei Windungen, und nicht ihre Entfernung von Achse zu Achse, in jedem Punkte der Biegung gleich ist, welche dem Aufwicklungsdurchmesser in dem betrachteten Punkte entspricht.

Die Höhe H hängt von dem angenommenen Gang der Windungen, der veränderlich sein kann oder nicht, ab.

Zweites Beispiel:

Es sollen die Maße einer Feder von der durch Abb. 17 dargestellten Art mit länglichem, rechteckigem Querschnitt des Stabes bestimmt werden, welche das vollständige Zusammendrücken unter einer Probelast von 1800 kg zuläßt, und bei welcher die Materialanspannung 60 kg pro qmm betragen soll.

Andere Angaben:

Normale Belastung	900 kg	wie
Biegsamkeit % kg	7,5 mm	oben
Durchmesser der kleinen Grundfläche	D_1 = ungefähr 80 mm	
Dicke des Stabes, aus welchem die Feder gebildet ist	10 mm ungefähr.	

Die Bedingung des Zusammendrückens schreibt uns schon als Höhe die Gesamtbiegung unter der Probelast vor, also

$$H = \frac{7{,}5 \cdot 1{,}800}{100} = 135 \text{ mm},$$

annähernd.

Für die anderen Unbekannten müssen wir in diesem Falle Versuche machen.

Nehmen wir zunächst einmal einen Durchmesser für die große Grundfläche von 200 mm an. Nach der graphischen Darstellung für zylindrische Schraubenfedern haben wir dann:

Zylindrische Schraubenfedern aus rundem Draht (siehe Beispiel S. 53).

Mit $D' = D = 200$ muß $d = 25$ mm sein, für welchen die Biegung pro kg und pro Windung gleich 0,021 ist. Hieraus folgert man für eine Biegsamkeit von 7,5 % kg

$$n' = \frac{7{,}5}{0{,}021 \cdot 100} = 3{,}55,$$

und die nötige Länge des Stabes würde dann sein:

$$\pi D \cdot n^1 = 3{,}14 \cdot 200 \cdot 3{,}55 = 2250 \text{ mm},$$

ungefähr.

Typ der zylindrischen Schraubenfeder. Mit einem rechteckigen Draht, wie man die Feder verlangt, von 10 mm Dicke, können wir den Koeffizient γ' auf 0,62 schätzen, welcher nach der graphischen Darstellung Nr. 6 (S. 41) einem Verhältnisse von $\frac{a}{b} = 8$ bis 10 ungefähr entsprechen würde, und der nötige Querschnitt für die gleiche Beanspruchung würde dann derart sein, daß

$$a \cdot b^2 = \gamma' d^3,$$

wonach $a = \frac{0{,}62 \cdot 25^3}{10^2} = 97$ mm, also ein Stab von $100 \cdot 10$.

Wenn man nun mit diesem Querschnitt rechnet, muß man, um dieselbe Biegsamkeit zu haben, nach (19) haben:

$$L' = 1{,}95 \cdot \frac{10}{25} \cdot 2{,}250 = 1{,}750 \text{ mm, ungefähr.}$$

Parabolische Feder. Schließlich erhalten wir für parabolische Federn:

$$L = \frac{2 \cdot 1{,}750}{1 + \left(\frac{80}{200}\right)^2} = 3{,}000 \text{ m, ungefähr,}$$

wonach

$$n = \frac{2 \cdot 3000}{3{,}14\,(200 + 80)} = 6{,}8$$

wird.

Die horizontale Entfernung zwischen den Windungen (von Achse zu Achse der Schnitte) würde sein:

$$\frac{200 - 80}{2 \cdot 6{,}8} = 8{,}8 \text{ mm},$$

ungefähr,

also zu gering, um die Feder ausführen zu können (Abb. 17), welche selbstverständlich eine größere Entfernung nötig hat als wie die Dicke des Stabes.

Beginnen wir die Berechnung jetzt z. B. mit $D = 220$. Man findet dann nach derselben Methode:

Für eine Feder mit rundem Stabe:

$$d = 25{,}9\,,$$

dann

$$n' = \frac{7{,}5}{0{,}024 \cdot 100} = 3{,}12\,,$$

wonach die Länge des Drahtes $= 3{,}14 \cdot 220 = 3{,}12 = 2150$ ist.

Zylindrischer Schraubenfedertyp:

$$b = 10 \text{ mm}. \qquad a = \frac{0{,}62 \cdot 25{,}9^3}{10^2} = 107$$

und

$$L' = 1{,}95 \cdot \frac{10}{25{,}9} \cdot 2150 = 1620\,.$$

Gesuchte parabolische Schraubenfeder:

$$L = \frac{2 \cdot 1{,}620}{1 + \left(\frac{80}{220}\right)^2} = 2 \text{ m } 870\,,$$

wonach

$$n' = \frac{2 \cdot 2870}{3{,}14\,(220 + 80)} = 6{,}1\,,$$

und die Entfernung zwischen den Windungen wird sein:

$$\frac{220 - 80}{2 \cdot 6{,}1} = 11{,}5\,.$$

Mit einem Stabe von 10 mm Dicke würde dann der Spielraum 11,5 — 10 = 1,5 sein.

Wenn dieser Spielraum genügend ist, kann man die Feder nach den obigen Feststellungen ausführen, also:

$$D = 220\,,\ D_1 = 80\,,\ \text{Stab von } 107 \text{ oder } 110 \cdot 10\,,$$

Zahl der Windungen 6 und Länge des Stabes 2870 mm, ungefähr.

Wenn man einen größeren Spielraum haben will, so kann man entweder einen größeren Durchmesser D für dieselbe Dicke des Stabes annehmen, oder aber man kann den Durchmesser beibehalten und eine geringere Dicke annehmen. In beiden Fällen müßte dann von neuem der Querschnitt festgesetzt werden.

Um nötigenfalls die Parabel, die primitive Leitfläche, zu zeichnen, bestimmt man zunächst ihre Höhe durch die Formel

$$h = \frac{H \cdot D^2}{D^2 - D_1^2}\,.$$

Für obige Feder würde diese Höhe sein:

$$h = \frac{135 \cdot 220^2}{220^2 - 80^2} = 156\,.$$

Wenn man für nötig erachten sollte, den Steigungswinkel zu bestimmen, so kann dieser leicht durch die Formel

$$\sin\alpha = \frac{H}{L} \text{ bestimmt werden.}$$

§ 3. Allgemeine Bemerkungen über Schraubenfedern für Zug, Druck und Stoß.

Wir schließen dieses Kapitel mit einer Anmerkung, welche, glauben wir, mitunter Wichtigkeit hat, wenn nicht gerade für den Wert, welchen ihr die Theorie zu geben scheint, so doch wenigstens als Hinweis für die Schätzung der wirklichen Ergebnisse.

Wir haben nachgewiesen, daß in den zylindrischen Schraubenfedern jeder Querschnitt des Drahtes durch ein Verdrehungsmoment beansprucht wird, welches in den zylindrischen Schraubenfedern konstant und in den anderen Federn veränderlich ist.

Dieses auf den Draht wirkende Moment hat eine Verdrehung zur Folge, welche in jedem Punkte der Länge des Drahtes die Richtung des Querschnittes in bezug auf die

Achse der Feder verändert, dies natürlich außer der möglichen Formänderung dieses Querschnittes, von welcher wir schon bei der Verdrehung der Prismen gesprochen haben.

Es folgt hieraus, daß theoretisch zwei parallele Linien, welche man in zwei Querschnitten, die in derselben Ebene liegen, und bei vollständig unbelasteter Feder gezogen hat, nach der Formänderung, die unter der Last P eintritt, Richtungen annehmen, die unter sich den Verdrehungswinkel des zwischen den beiden Querschnitten befindlichen Teiles des Drahtes bilden.

Diese Formänderungen sind in der Praxis in vielen Fällen ohne Bedeutung, namentlich bei rundem Draht. Außerdem behindern oft verschiedene, oft ganz unvorhergesehene Kräfte in der Praxis, je nachdem die Federn montiert sind, die freie Bewegung der Feder. Man kann daher nicht einen ganz bestimmten Lehrsatz über die wirklich zu erlangenden Formänderungen aufstellen, aber es ist sicher gut, wenigstens die Untersuchungen, die in dieser Richtung gemacht worden sind, zu kennen.

Wenn der Draht, welcher die Feder bildet, an seinen beiden Enden frei ist, so wird die Verdrehung der Feder von selbst eine solche Form geben, daß das Gleichgewicht unter der Einwirkung aller inneren und äußeren Kräfte hergestellt ist.

Wenn eines der Enden in einer unveränderlichen Lage festgehalten wird, so überträgt sich der ganze Verdrehungswinkel bis zum anderen Ende, indem er den Eindruck hervorbringt, als ob die Formänderung größer wäre, aber ohne sonstige feststellbare Übelstände hervorzubringen.

Wenn schließlich die beiden Enden in unveränderlichen Lagen festgehalten werden und so jede Verschiebung der Lage der Endquerschnitte verhindern, so werden die vorher aufgestellten Formeln wegen der neuen Kräfte, die durch die Einspannung der Enden in die Feder hineingebracht werden, und die in jedem Punkte der Länge des Drahtes das wirkliche Biegungsmoment verändern, durchaus anwendbar bleiben.

Die Abb. 23, 24 und 25 stellen schematisch das Bestreben des Drahtes dar, seine Form durch Verdrehung an zylindrischen und konischen Schraubenfedern, wenn deren Enden frei sind, zu ändern.

Wir wenden hier den Ausdruck „freie Enden“ an, aber die Abb. 24 zeigt uns z. B., daß, wenn die Feder der guten Auflage wegen durch ebene Flächen beendigt ist, sich diese

Flächen durch die Biegung in der Form verändern, und daß dann die Auflage nicht mehr auf der ganzen Fläche stattfindet, sondern nur auf dem äußeren Umfange der vorgesehenen Auflagefläche.

Der Druck des Auflagers bringt dann gegen das Ende des Drahtes ein Verdrehungsmoment hervor, das dem theoretischen entgegengesetzt und in den zylindrischen Schraubenfedern in allen Schnitten gleich ist, und dessen Wirkungsart in den anderen Federn immer bekannt ist.

Das Verdrehungsmoment ist also nicht mehr das theoretische auf der ganzen Länge des Drahtes, was teil-

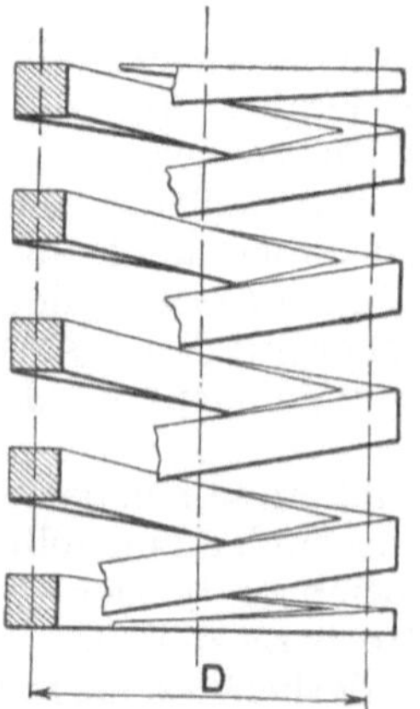

Abb. 23. Zylindrische Schraubenfeder mit quadratischem Querschnitt. (Unbelastet.)

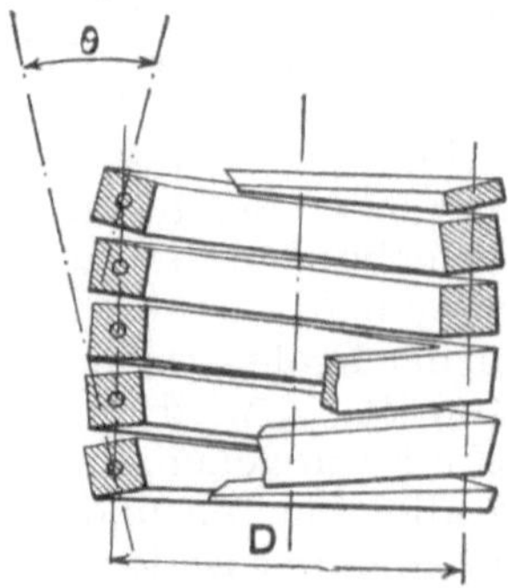

Abb. 24. Zylindrische Schraubenfeder mit quadratischem Querschnitt. (Ansicht unter Belastung, in welcher das Bestreben des Drahtes, sich zu verdrehen, zu erkennen ist.)

weise durch bei Versuchen gemachte Beobachtungen bestätigt wird, Versuche, die zeigen, daß mit einem flachen Auflager die Biegsamkeit nicht in allen Teilen einer zylindrischen Schraubenfeder gleichmäßig ist. In dem Falle der Abb. 24 ist sie am größten in der Mitte und nimmt nach beiden Enden zu ab, wo der Wert des Verdrehungsmomentes sich theoretisch infolge des Auflagerdruckes auf die Außenkante verringert.

Für die Abb. 25 kann man dasselbe sagen, aber man sieht, daß das Verdrehungsmoment nach einer gewissen Biegung, welches durch die Auflagerdrucke auf die Enden hervorgebracht wird, seine Richtung ändert und sich dem theoretischen Moment hinzufügt, sobald die Form derart wird, daß die Auflage auf einem inneren Durchmesser stattfindet, der kleiner ist als der mittlere Aufwicklungsdurchmesser an den Enden.

Wir können hier noch hinzufügen, daß der Einfluß der Lageänderung des Querschnittes des Drahtes desto größer wird, je mehr man sich von dem kreisrunden Querschnitte entfernt.

Wenn der Aufwicklungsdurchmesser im Verhältniß zum größten Maße des Querschnittes nicht sehr groß ist, so sieht man wirklich, daß die äußeren Fasern inneren Zug- und Druckkräften zu widerstehen haben, die nicht nur durch die einfache Verdrehung des Drahtes, sondern auch durch die Aufwicklung derselben Fasern auf von dem Grunddurchmesser sehr verschiedenen Durchmessern entstehen. Hieraus entsteht also, nach den Enden zu, eine zusätzliche Beanspruchung, welche, im Verein mit der von dem veränderlichen Verdrehungsmoment herstammenden, oft Federbrüche, die immer bei jeder Federform in bestimmten Punkten stattfinden, und ebenso die Steifigkeit der konischen und parabolischen Federn aus rechteckigem Stab bei großen Formveränderungen zu erklären gestatten.

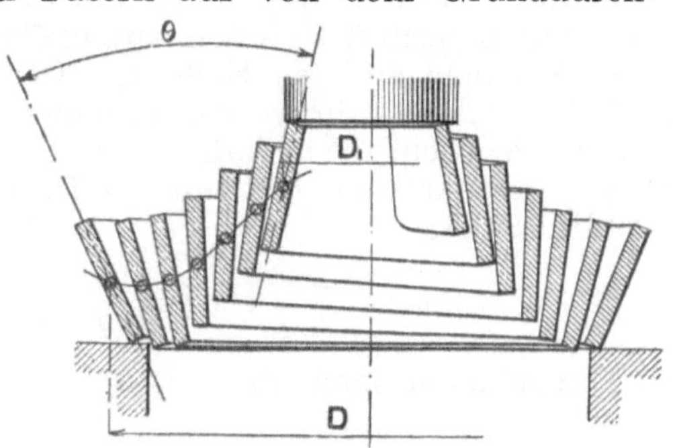

Abb. 25. Parabolische Schraubenfeder aus rechteckigem Stabe. Anblick unter Belastung, der das Bestreben des Stabes, sich zu verdrehen, deutlich erkennen läßt.

Es erscheint uns überflüssig, Regeln für jeden Fall aufzustellen, aber wir hielten es doch für nötig, wenigstens ihre Bedeutung in Anbetracht der Größe, welche mitunter der Verdrehungswinkel annimmt, klarzustellen.

Totaler Verdrehungswinkel des Drahtes in den gewundenen Zug-, Druck- und Stoßfedern.

Zylindrische Schraubenfedern. Da das wirkende Moment auf der ganzen Länge konstant ist, und da die Enden als frei aufliegend angenommen werden, so ist die Verdrehung gleichmäßig, und der ganze Verdrehungswinkel in Funktion der Gesamtbiegung der Feder und des mittleren Aufwicklungsdurchmessers D wird dann sein:

$$\theta = \frac{2F}{D}. \tag{34}$$

Diese Formel, umgeändert in Funktion der Federmaße nach den Hauptformeln (S. 42), ist in der nebenstehenden Tabelle für die gebräuchlichsten Federquerschnitte eingetragen.

Konische Schraubenfedern. In dieser Art von Federn ist das Verdrehungsmoment, welches auf die Querschnitte wirkt, auf der ganzen Länge des Drahtes veränderlich. Der elementare Verdrehungswinkel und die Beanspruchung sind am größten nach der großen Auflagefläche zu und am kleinsten nach dem anderen Ende zu. Der Gesamtverdrehungswinkel ist daher durch die Summen der elementarischen Winkel gegeben. Wir haben für Federn mit konstantem Steigungswinkel und aus rundem Draht die Gleichung aufgestellt (S. 64)

$$d\theta = \frac{P \cdot r}{G' I_0} dx = \frac{P}{G' I_0} \frac{D \cdot x}{2l} dx.$$

Davon leitet man ab:

$$\theta = \frac{P}{G' I_0} \frac{D}{2l} \int_l^{l_1} x dx.$$

Aber andererseits hat man

$$l = \frac{DL}{D - D_1} \quad \text{und} \quad l_1 = \frac{D_1 L}{D - D_1},$$

und indem man diese Werte einführt, erhält man

$$\theta = \frac{PD(D - D_1)}{2G' I_0 DL} \cdot \frac{D^2 L^2 - D_1^2 L^2}{2(D - D_1)^2},$$

wonach

$$\theta = \frac{PL}{4G' I_0} (D + D_1).$$

Für dieselbe Art von Federn, aber aus Draht mit einem beliebigen Querschnitt, würde man auf dieselbe Art zu der Formel kommen:

$$\theta = \frac{PL}{4\,KG'} \frac{I_0}{\omega^4} (D + D_1).$$

Gesamtverdrehungswinkel des Drahtes
in gewundenen Zug-, Druck- und Stoßfedern.
Allgemeine Formeln.

Art der Querschnitte des Drahtes	Zylindrische Schraubenfedern $\theta = \frac{2F}{D}$	Konische und parabolische Schraubenfedern $\theta = 2F\frac{D+D_1}{D^2+D_1^2}$ (annähernd)
Kreis	$\theta = 2\frac{R'}{G'}\frac{L}{d}$ $= \frac{16}{G'}\frac{D^2}{d^4}P \cdot n$	$\theta = \frac{R'}{G'}\frac{L}{d}\frac{D+D_1}{D}$ $= \frac{4}{G'}\frac{(D+D_1)^2}{d^4}P \cdot n$
Quadrat	$\theta = 1{,}46\frac{R'}{G'}\frac{L}{c}$ $= \frac{11{,}2}{G'}\frac{D^2}{c^4}P \cdot n$	$\theta = 0{,}77\frac{R'}{G'}\frac{L}{c}\frac{D+D_1}{D}$ $= \frac{2{,}797}{G'}\frac{(D+D_1)^2}{c^4}P \cdot n$
Rechteck $a > b$	$\theta = \frac{2\Delta\Delta' x}{\pi}\frac{R'}{G'}\frac{L}{b}$ $= \frac{2\Delta x}{G'}\frac{D^2}{ab^2}P \cdot n$	$\theta = \frac{\Delta\Delta' x}{\pi}\frac{R'}{G'}\frac{L}{b}\frac{D+D_1}{D}$ $= \frac{\Delta x}{2G'}\frac{(D+D_1)^2}{ab^3}P \cdot n$
Ellipse $a > b$	$\theta = x\frac{R'}{G'}\frac{L}{b}$ $= \frac{8x}{G'}\frac{D^2}{ab^3}P \cdot n$	$\theta = \frac{x}{2}\frac{R'}{G'}\frac{L}{b}\frac{D+D_1}{D}$ $= \frac{2x}{G'}\frac{(D+D_1)^2}{ab^3}P \cdot n$

Den Winkel in Graden erhält man, indem man die für θ gefundenen Werte mit $\frac{360}{\pi}$ multipliziert.

Parabolische Schraubenfedern. Die genaue Formel für den Gesamtverdrehungswinkel könnte auf dieselbe Weise aufgestellt werden, aber die Bemerkungen, die wir über den Einfluß der inneren Kräfte in der Arbeitsverrichtung dieser Art von Federn gemacht haben, scheint uns nicht den Gebrauch von besonderen Formeln für jeden einzelnen Fall zu rechtfertigen. In der Praxis wird man sich für alle Arten von Federn (konische, parabolische usw.) auf die einzige und genügend genaue Formel stützen, welche aus der folgenden Formel gezogen ist und den Verdrehungswinkel in Funktion der Gesamtbiegung angibt:

$$\theta = 2F\left(\frac{D + D_1}{D^2 + D_1^2}\right). \tag{35}$$

Die Tabelle (S. 85) bringt die Hauptformeln in Erinnerung und gibt ihre Werte in Funktion der Maße für die gewöhnlichen Drahtquerschnitte an.

Wenn wir diese Formeln der Tabelle anwenden, so kommen wir für gewisse Fälle auf einen ziemlich großen Wert.

So z. B. kommt man für zylindrische Schraubenfedern aus rundem Draht (S. 53) mit $D = 135$ und Gesamtbiegung von 7,5% kg und für eine normale Belastung von 900 kg, nach der Formel (34), in welcher man setzt

$$F = \frac{7{,}5 \cdot 900}{100} = 67{,}5$$

zu einem Gesamtverdrehungswinkel v

$$\theta = \frac{2 \cdot 67{,}5}{135} = 1\,,$$

also $\dfrac{1 \cdot 360}{2 \cdot 3{,}14} = 57$ Grad annähernd.

Für parabolische Federn mit gleichen charakteristischen Merkmalen (S. 80) und mit $D = 220$ und $D_1 = 80$ würde der Gesamtverdrehungswinkel nach Formel (35) sein:

$$\theta = 2 \cdot 67{,}5\,\frac{220 + 80}{220^2 + 80^2} = 0{,}74\,,$$

also $\dfrac{0{,}74 \cdot 360}{2 \cdot 3{,}14} = 42$ Grad annähernd.

In der Wirklichkeit kann man feststellen, daß diese Werte nicht immer erreicht werden, und zwar infolge von Kräften, die während der Formänderung auftreten, selbst wenn das Ende der Federn frei ist. Besonders bei dem zuletzt besprochenen Falle von parabolischen Federn begreift man leicht, daß infolge des kleinen Aufwicklungsdurchmessers im Verhältnis zu den Maßen des Querschnittes die obige Verdrehung eine sehr große Dehnung und eine sehr große Verkürzung der äußeren Fasern des Querschnittes des Drahtes hervorbringen muß. Hieraus geht hervor, daß innere Zug- und Druckspannungen vorhanden sind, von welchen schon vorher in bezug auf Beanspruchung die Rede gewesen ist, Kräfte, die die Formänderung beeinträchtigen, indem sie die wirkliche Durchbiegung vermindern, was bei der einfachen Verdrehung der Prismen nicht vorkommt.

Diese inneren Kräfte werden selbstverständlich desto größer, je größer die Formänderung wird. Dies erklärt den Umstand, warum in der Praxis die Durchbiegungen nicht genau der Belastung proportional bleiben, namentlich nicht in der letzten Art von Federn, in welchen oft große Unterschiede bei großen Formänderungen zwischen den wirklichen und den berechneten Resultaten festgestellt werden. Nur die Erfahrung kann hier einen Ausgleich schaffen, um die berechneten Werte zu berichtigen, welche man daher nicht als ganz genau annehmen darf, namentlich nicht bei konischen und parabolischen Schraubenfedern aus flachem Draht oder Stab, dessen Querschnitt sehr von der kreisrunden Form abweicht.

Drittes Kapitel.

Gewundene Biegungsfedern.

Außer den vorher besprochenen Federn verwendet man in der Praxis noch Federn, deren Wirkung durch ein Biegungsmoment in bezug auf eine Achse gekennzeichnet ist.

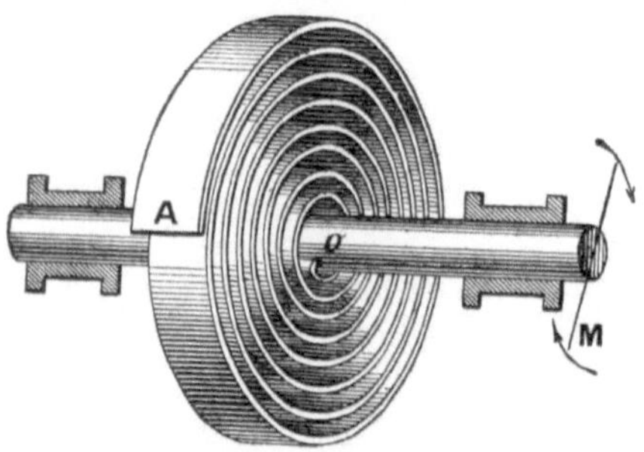

Abb. 26. Spiralfeder mit rechteckigem Querschnitt für Biegung.

Dieser Zweck wird gewöhnlich erreicht durch ähnliche Anordnungen, wie die, die in den Abb. 26 und 27 dargestellt sind.

Spiralfedern. Die Abb. 26 stellt eine Spiralfeder mit rechteckigem Querschnitt dar, deren eines Ende fest mit der Achse O verbunden ist, und deren anderes an dem Punkte A befestigt ist.

Wir werden noch weiter die Wichtigkeit der Befestigungsart der Enden kennenlernen.

Nehmen wir zunächst an, daß das Ende A einfach festgehalten wird, ohne eingespannt zu sein, wogegen das andere Ende in der Achse O eingespannt ist.

Wenn auf die Achse ein Moment M wirkt, so ist das Gleichgewicht der schematisch durch die Abb. 28 und 29 dargestellten Feder durch eine im Punkte A angreifende Kraft P erreicht, die mit den Reaktionen der Stützpunkte ein gleiches Moment M, aber in entgegengesetzter Richtung, bildet.

Wir möchten hier noch bemerken, daß die Berechnungen und die Formeln, die jetzt folgen, und die Formeln, die man von ihnen ableitet, für alle Federn, von welcher Art auch ihre Querschnitte sein mögen, anwendbar sind.

Betrachten wir in einem beliebigen Punkte B ein Element dx des Drahtes mit dem Biegungshalbmesser ϱ_1 vor dem Angriff des Momentes M, indem die Länge x längs des entwickelten Drahtes vom Anfangspunkte A aus gemessen wird.

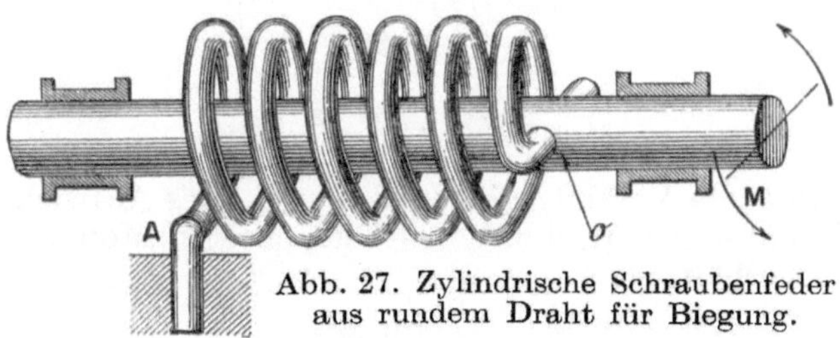

Abb. 27. Zylindrische Schraubenfeder aus rundem Draht für Biegung.

Dieses Element ist einer Biegungskraft ausgesetzt, deren Moment gleich Py ist. Nach der Formänderung wird sein

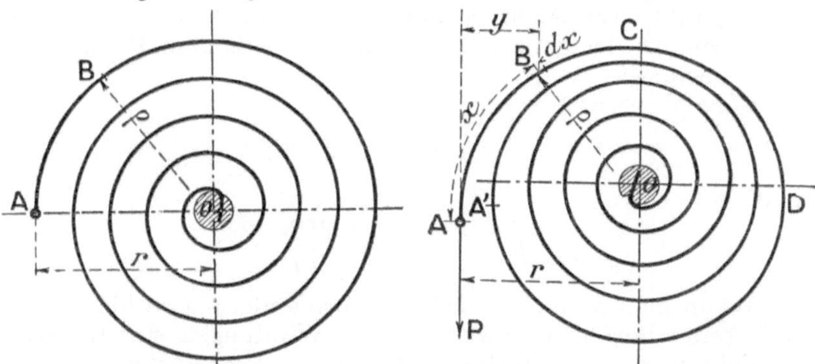

Abb. 28. Spiralfeder mit einfacher Befestigung in A. (Ohne Belastung.)

Abb. 29. Spiralfeder mit einfacher Befestigung in A. (Unter Belastung.)

Biegungshalbmesser ϱ werden, und dann gestattet uns die allgemeine Formel in bezug auf Biegung, für den Punkt B zu schreiben:

$$M = P \cdot y = E I \left(\frac{l}{\varrho} - \frac{l}{\varrho_0} \right).$$

Wenn ω_0 und ω die Werte des Gesamtaufwicklungswinkels, von dem Anfangspunkte A bis zum Punkte B, darstellen, so hat man

$$\frac{l}{\varrho_0} = \frac{d\omega_0}{dx} \quad \text{und} \quad \frac{l}{\varrho} = \frac{d\omega}{dx},$$

wonach, indem man sie in die vorstehende Gleichung einsetzt:

$$P \cdot y = EI\left(\frac{d\omega}{dx} - \frac{d\omega_0}{dx}\right)$$

und

$$d\omega - d\omega_0 = \frac{P \cdot y}{EI}\,dx.$$

Wenn θ die Veränderung von $\omega - \omega_0$ des Aufwicklungswinkels unter der Wirkung des betrachteten Moments darstellt, so erhält man:

$$\theta = \frac{P}{EI}\int y \cdot dx.$$

Aber andererseits, wenn man die Größe der entwickelten Länge des Drahtes mit der Entfernung r des Punktes A vom Mittelpunkte vergleicht, so kann man annehmen, daß der Schwerpunkt der ganzen Feder ziemlich mit dem Punkte O zusammenfällt.

Folglich wird:

$$\int_0^L y \cdot dx = L \cdot r$$

und

$$\theta = \frac{P \cdot L \cdot r}{EI} = \frac{ML}{EI}.$$

Wenn man annimmt, daß die Formänderung so klein ist, daß keine Berührung zwischen den Windungen stattfindet, so sieht man, daß das Biegungsmoment Py auf der ganzen Länge des Drahtes veränderlich ist.

Es ist Null im Punkte A, wird gleich $P \cdot r = M$ im Punkte C, erreicht ein Maximum (beinahe von $2\,M$) in D, nimmt wiederum ab bis zu einem Minimum in A' und so weiter für jede Windung.

Die Beanspruchung für einen beliebigen Querschnitt ist durch die allgemeine Formel

$$\text{Moment} = R \cdot \frac{I}{v}$$

gegeben.

Die Anspannung im Punkte B wird den Wert von $R = \dfrac{P \cdot y}{\frac{I}{v}}$ haben.

Im Punkte D wird sie ihr Maximum erreichen und gleich $\frac{P \cdot AD}{\frac{I}{v}}$ werden oder annähernd

$$\frac{P \cdot 2r}{\frac{I}{v}} = 2\frac{M}{\frac{I}{v}}.$$

Wenn anstatt einer einfachen Befestigung die Feder in A wie am anderen Ende eingespannt ist, so wird im Gegenteil das Gleichgewicht des Ganzen einfach durch ein Kräftepaar von gleichem Werte M, welches aber in entgegengesetzter Richtung wirkt und bei der Einspannung A anfängt, hergestellt.

Da keine andere Kraft vorhanden ist, so wirkt dieses Moment in jedem Punkte der Länge des Drahtes, und die Veränderung des Aufwicklungswinkels oder des Drehungswinkels θ wird immer noch den Wert

$$\theta = \frac{ML}{EI}$$

haben.

Da außerdem das Biegungsmoment, welches auf alle Querschnitte wirkt, konstant ist, so ist das Maximum der Faserspannung auf der ganzen Länge des Drahtes auch konstant.

Die so hergestellte Feder bildet daher einen Körper von gleichem Widerstande gegen Biegung, und die Beanspruchung der meist belasteten Faser in einem beliebigen Querschnitte würde sein:

$$R = \frac{M}{\frac{I}{v}},$$

d. h. ungefähr die Hälfte von der Maximalbeanspruchung, welche wir im vorhergehenden Falle gefunden haben.

Diese Feststellungen zeigen uns die Wichtigkeit, die für kleine Formänderungen oder wenn die Feder so gebaut ist, daß kein Kontakt zwischen den Wicklungen vorkommen kann, die Befestigungsart bei diesen Federn hat, da von dieser die Materialanspannung abhängt, also davon, ob die Feder am Ende A eingespannt ist oder nicht.

Wenn jedoch das angewandte Federband nur geringe Dicke hat, so ist die Wichtigkeit der Einspannung in der

Praxis bedeutend geringer, als dies der Theorie nach der Fall ist.

Infolge der großen Formänderung, welche man gewöhnlich bei solchen Federn vorsieht, kann oft der Kontakt zwischen den Wicklungen nicht vermieden werden. Die Reaktion in der Richtung OC (Abb. 29), in diesem Falle gleich P, aber in entgegengesetzter Richtung wirkend, wird zum Teil von Windung zu Windung übertragen, anstatt die ganze Federlänge durch Biegung zu beanspruchen, und dadurch wird das Moment in jedem Punkte um OD herum merklich verändert.

Man sieht daher, daß die größte Beanspruchung in diesem Falle als gleich mit der, die bei Einspannung in A sich ergibt, betrachtet werden kann, trotz einer einfachen Befestigung an beiden Enden.

Schraubenfedern. Die Abb. 27 stellt eine Schraubenfeder aus rundem Draht dar, welche auf eine Achse gesteckt ist, die selbst einem Verdrehungsmoment unterworfen ist.

Wir müssen hier eine ähnliche Bemerkung wie die, die wir schon für Spiralfedern in bezug auf die Art der Befestigung gemacht haben, wiederholen. Wenn das Ende A nicht eingespannt ist, so stehen wir vor den gleichen Bedingungen, wie wir sie bei dem ersten Falle der Spiralfedern besprochen haben, aber die Übelstände werden dadurch vergrößert, daß die Wicklungen des Drahtes, der die Feder bildet, sich nicht in derselben Ebene befinden, weswegen die Kraft, welche bei A ihren Ursprung hat, dahin strebt, die letzte Wicklung in ihre Ebene zu bringen, bis sie sich auf die Achse legt, um vermittels der Reaktion derselben das Gleichgewichtskräftepaar mit M zu bilden.

Hieraus entsteht eine anormale Formänderung und ferner ein Eingriff von Verdrehungskräften des Drahtes, welche ganz merklich die einfache Biegungskraft verändern.

Wir müssen daher in diesem Falle noch mehr als in dem Falle der Spiralfedern die Einspannung der Enden empfehlen.

Da unter diesen Bedingungen der Steigungswinkel in bezug auf eine zur Aufwicklungsachse winkelrechten Ebene sehr klein ist, so können wir annehmen, daß diese Feder so arbeitet, als wenn sie sich ganz und gar in derselben Ebene befände.

Wenn man auf die Achse ein Kräftepaar M wirken läßt, so wird dann das Gleichgewicht durch ein gleiches Kräftepaar hergestellt, welches aber in entgegengesetzter Richtung wirkt und bei der Einspannung A angreift, wenn nicht noch andere Kräfte in Wirkung treten.

Dieses Kräftepaar bringt auf der ganzen Länge des Drahtes ein konstantes Biegungsmoment, welches gleich M ist, hervor. Die Beanspruchung wird ebenso eine gleiche für alle Querschnitte sein und wird ausgedrückt durch die Formel

$$R = \frac{M}{\frac{I}{v}}.$$

Wenn dieser Querschnitt auf der ganzen Länge des Drahtes konstant ist, so bildet die Feder einen Körper von gleichem Widerstande gegen Biegung.

Die Veränderung des Aufwicklungswinkels unter der Wirkung des Kräftepaares M oder des Drehungswinkels θ wird wiederum sein:

$$\theta = \frac{M L}{E I}.$$

Federn mit beliebiger Aufwicklung. Wir machen darauf aufmerksam, daß in den vorhergehenden Berechnungen in bezug auf den Umdrehungswinkel der Achse O sowohl in den Spiralfedern als auch in den gewundenen Biegungsfedern und folglich auch in den Formeln, welche davon abgeleitet werden, weder die Aufwicklungsart des Drahtes noch der Aufwicklungshalbmesser in Betracht gezogen sind.

Diese Formeln sind daher für alle Federn mit beliebiger Wicklung anwendbar und besonders für konische und andere Schraubenfedern, welche man veranlaßt sein könnte, anzuwenden. Nur die Länge des Drahtes allein hat Einfluß.

Theoretisch aufgenommene und aufgespeicherte Arbeit oder halbe lebendige Kraft.

Spiralfedern oder gewundene Biegungsfedern.

Wenn m das nötige Element ist, um eine elementarische Umdrehung $d\theta$ der Achse O hervorzubringen, so ist die verbrauchte elementarische Arbeit

$$d T = m \cdot d\theta,$$

und wenn man in diese Gleichung den Wert m in Funktion von θ einführt, welcher $m = \frac{E I}{\theta}$ ist, so wird

Gewundene
(Spiralfedern,

$$\frac{M}{EI} = \frac{1}{\varrho} = \frac{1}{\varrho_0} = \frac{\theta}{L}$$

Form des Querschnittes des Drahtes	Beanspruchung pro qmm mit Einspannung an beiden Enden $R = \frac{M}{\frac{I}{v}}$	Umdrehungswinkel $\theta = \frac{ML}{EI}$
Runde Form Durchmesser $= d$	$R = \frac{32}{\pi} \frac{M}{d^3}$	$\theta = \frac{64}{\pi} \frac{ML}{Ed^4}$ $= 2 \frac{R}{E} \frac{L}{d}$
Quadratische Form Seite $= c$ Parallel oder winkelrecht zur Achse	$R = 6 \frac{M}{c^3}$	$\theta = 12 \frac{ML}{Ec^4}$ $= 2 \frac{R}{E} \frac{L}{c}$
Rechteckige Form Seite a parallel zur Achse, Seite b winkelrecht zur Achse	$R = 6 \frac{M}{ab^2}$	$\theta = 12 \frac{ML}{Eab^3}$ $= 2 \frac{R}{E} \frac{L}{b}$
Ellipse a parallel zur Achse b winkelrecht zur Achse	$R = \frac{32}{\pi} \frac{M}{ab^2}$	$\theta = \frac{64}{\pi} \frac{ML}{Eab^3}$ $= 2 \frac{R}{E} \frac{L}{b}$

$$dT = \frac{EI}{L} \theta \, d\theta,$$

wonach

$$T = \frac{EI}{L} \int \theta \, d\theta = \frac{EI}{L} \frac{\theta^2}{2}.$$

Ersetzt man θ durch seinen Wert, so erhält man:

$$T = \frac{EI}{2L} \left(\frac{Ml}{EI}\right)^2 = \frac{M^2 L}{2EI} = \frac{M\theta}{2}.$$

Dieser Wert in Funktion der Maße des Querschnittes oder des nützlichen Rauminhaltes der Feder und der Beanspruchung R pro qmm ist in der obigen Tabelle enthalten, in welcher die allgemeinen Formeln für die gebräuchlichsten Querschnitte zusammengestellt sind.

Biegungsfedern.
Schraubenfedern usw.)

$$L = \omega_0 \cdot \varrho_0 = \omega \varrho = \omega_1 \varrho_1 = \dots$$

Aufgenommene Arbeit oder halbe lebendige Kraft $T = \frac{M\theta}{2}$	Nutzgewicht	
	Theoretischer Wert	Praktischer Wert für Federn aus Stahl
$T = \frac{32}{\pi} \frac{M^2 L}{E d^4} = \frac{1}{8} \frac{R^2}{E} V$	$Q = 8 \frac{T}{R^2} E \delta = 4 \frac{M\theta}{R^2} E \delta$	$Q = 1{,}25 \frac{T}{R^2} = 0{,}624 \frac{M\theta}{R^2}$
$T = 6 \frac{M^2 L}{E c^4} = \frac{1}{6} \frac{R^2}{E} V$	$Q = 6 \frac{T}{R^2} E \delta$	$Q = 0{,}936 \frac{T}{R^2}$
$T = 6 \frac{M^2 L}{E a b^3} = \frac{1}{6} \frac{R^2}{E} V$	$= 3 \frac{M\theta}{R^2} E \delta$	$= 0{,}468 \frac{M\theta}{R^2}$
$T = \frac{32}{\pi} \frac{M^2 L}{E a b^3} = \frac{1}{8} \frac{R^2}{E} V$	$Q = 8 \frac{T}{R^2} E \delta = 4 \frac{M\theta}{R^2} E \delta$	$Q = 1{,}25 \frac{T}{R^2} = 0{,}624 \frac{M\theta}{R^2}$

Nützliches theoretisches Gewicht der gewundenen Biegungsfedern.

Wie für die Blattfedern oder für die Zug-, Druck- und Stoßfedern, kann man leicht beweisen, daß:

„für eine gleiche Beanspruchung das theoretische Gewicht der gewundenen Biegungsfedern ihrer Biegsamkeit und dem Quadrat ihrer Stärke proportional ist, oder mit anderen Worten, der halben lebendigen Kraft oder der verbrauchten und aufgespeicherten Arbeit proportional sind“.

Dieses Gewicht, welches man leicht in Funktion der charakteristischen Größen wie Kraft, Biegsamkeit, halbe lebendige Kraft und zulässige Beanspruchung ausdrücken kann, ist ebenfalls in der obigen Tabelle angegeben.

Graphische Darstellung für rasche Berechnung.

Die vorhergehende Besprechung und die Formeln gestatten, die verschiedenen wichtigsten Aufgaben, die in der Praxis vorkommen, leicht zu lösen.

Die graphische Darstellung Nr. 10 gibt den Drehungswinkel θ pro laufenden Meter der Drahtlänge für einen beliebigen Schnitt nach dem Werte des Trägheitsmomentes und für $E = 20000$ an.

Die graphische Darstellung Nr. 11 gibt die Werte von I und von $\frac{I}{v}$ für einen beliebigen rechteckigen Querschnitt an und erlaubt das direkte Ablesen dieser Werte und der Maße des gesuchten Querschnittes.

Die folgenden Beispiele zeigen die Vorteile, die sich durch Benutzung dieser graphischen Darstellungen ergeben.

Verschiedene Anwendungen.

Wir halten es für nötig, bevor wir die Berechnungsbeispiele beginnen, darauf hinzuweisen, daß in der Praxis bei der Anwendung der gewundenen Biegungsfedern oft innere Kräfte auftreten sowie Reibungen, die durch das Sichberühren der Windungen unter sich hervorgebracht werden, welche oft sehr stark die Resultate beeinflussen. Man sieht sich mitunter veranlaßt, diese Kräfte in Rechnung zu ziehen, besonders in den Spiralfedern, je nach dem Gebrauch, den man von den Federn machen will.

Dagegen kann man die Reibungen in den Spiralfedern leicht vermeiden.

Die allgemeine Biegungsformel (S. 2) gestattet, die Veränderungen des Biegungshalbmessers zu studieren und ebenso die Anfangsform der neutralen Faser festzulegen, um unter der Wirkung eines Kräftepaares M eine bestimmte Form zu erzielen.

In dem von uns zuletzt besprochenen Falle einer zylindrischen Schraubenfeder ist es im voraus klar, daß die Feder mit ihren beiden eingespannten Enden nach der Formänderung immer noch die Form einer regelmäßigen zylindrischen Schraubenfeder haben muß.

Der Steigungswinkel der Windungen dieser Feder zu einer zu der Achse winkelrecht stehenden Fläche muß so klein als möglich sein, und man muß daher ihren Gang derart festsetzen, daß zwischen den Windungen bei unbelasteter

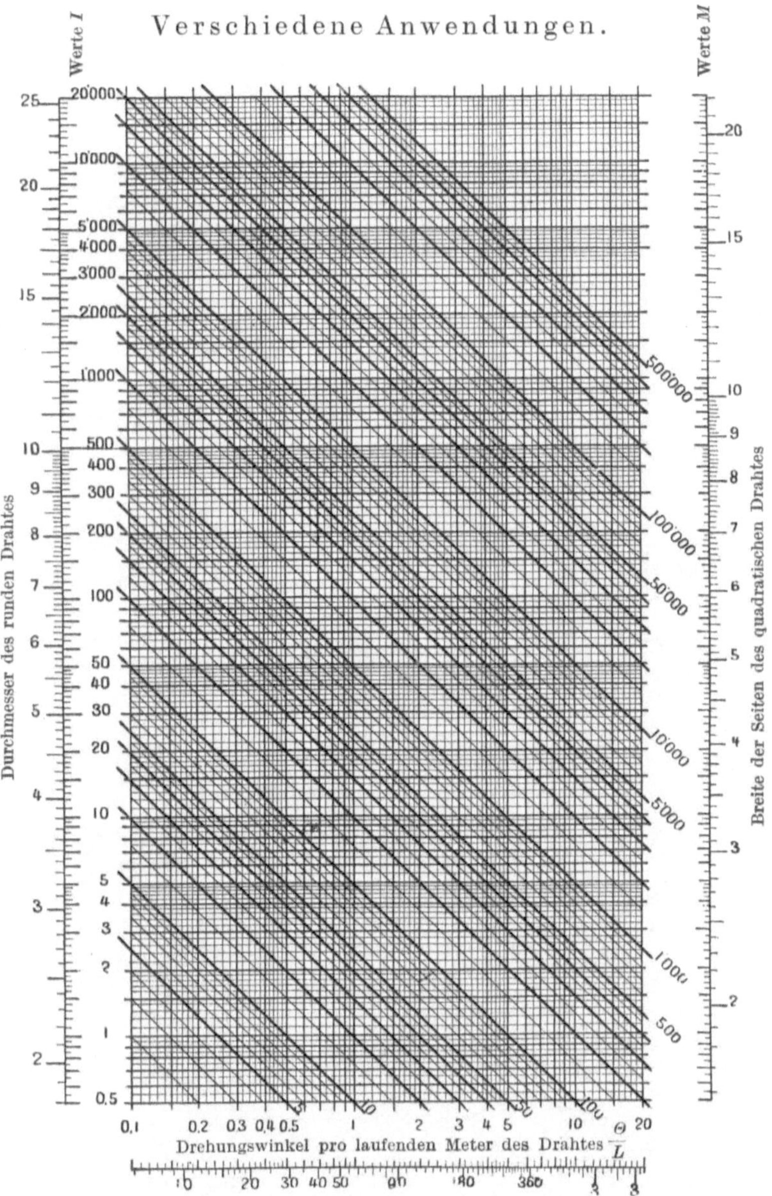

Graphische Darstellung Nr. 10. Drehungswinkel und das dazugehörige Biegungsmoment. (Nach dem Trägheitsmoment des Querschnittes von beliebiger Form oder nach den Maßen von runder oder quadratischer Form.)

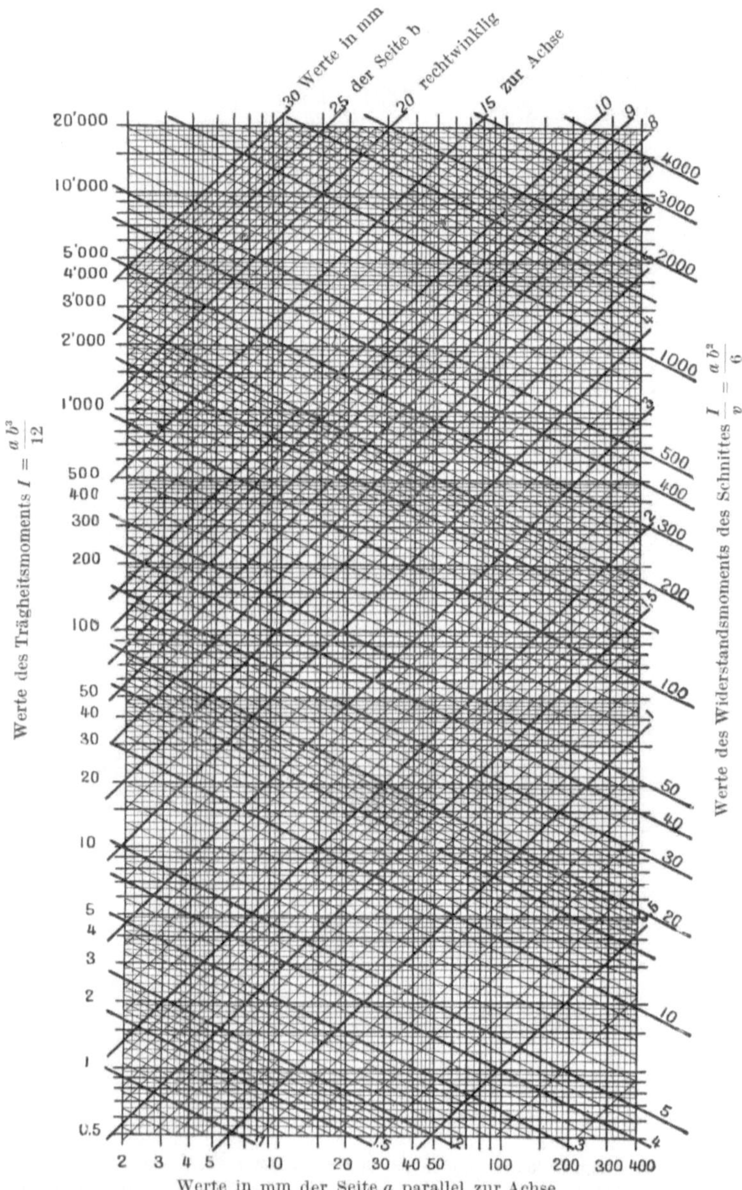

Graphische Darstellung Nr. 11. Trägheitsmomente und Widerstandsmomente des Schnittes der Rechtecke.

Feder der nötige freie Raum für die größte Durchbiegung bleibt. Dieser Gang p_0 kann leicht bestimmt werden, wenn man in Betracht zieht, daß er nach der Formänderung derart sein muß, daß

$$\frac{p}{p_0} = \frac{\varrho}{\varrho_0}$$

ist.

Bei Spiralfedern kann man feststellen, daß, wenn man von einer beliebigen Federform in unbelastetem Zustande ausgeht, von einer gewissen Biegung ab Berührungen zwischen den verschiedenen Windungen stattfinden, deren mehr oder weniger große Drücke die theoretischen Formänderungen der ganzen Feder beeinflussen. Die Abb. 29 zeigt die Form, welche die Feder, die in Abb. 28 frei oder ohne Belastung dargestellt ist, unter der Einwirkung eines gewissen Kräftepaares nehmen würde.

Diese Druckkräfte verursachen auch Reibungen, und die Summe der durch sie in bezug auf die Achse hervorgebrachten Biegungsmomente beeinflussen sehr stark die nützliche Wirkung des von uns angenommenen theoretischen Moments M.

Wenn μf das Verhältnis der Summe dieser Momente zu dem theoretischen Moment M darstellt, so ist das wirkliche Moment, welches auf der Achse O entsteht, je nach der Drehrichtung, $M(1 \pm \mu f)$, was erlauben würde, wie bei den Blattfedern, den Empfindlichkeitsgrad festzustellen.

Da dieses Moment, welches aus den Reibungen hervorgeht, sehr stark werden kann, so muß man versuchen, seinen Wert soviel wie möglich zu vermindern, der besonders von dem Reibungskoeffizienten und dann auch von dem Zustande der Reibungsflächen abhängt.

Wir glauben hier zwei praktische Anwendungen als passende Beispiele anführen zu können, welche sehr oft bei dem Gewichtsausgleich von Rolläden und beim Verschieben von gewissen Maschinenteilen vorkommen.

Das Moment, welches auszugleichen ist, kann je nach der Bestimmung einen konstanten Wert für einen gewissen Weg oder aber einen veränderlichen Wert nach bekannten Bestimmungen für einen Weg oder zwischen zwei gegebenen Grenzen haben.

Wenn das Moment konstant ist, so ist sofort klar, daß man nicht ein vollständiges Gleichgewicht in allen Punkten des Weges erreichen kann, da das durch die Feder hervorgebrachte Moment veränderlich ist, weil es theoretisch der Durchbiegung oder dem Drehungswinkel proportional ist.

In diesem Falle nimmt man z. B. einen gewissen Wert für die zulässige Erhöhung oder Verminderung in bezug auf das mittlere Moment an, welches auszugleichen ist, und infolgedessen wird die erste Aufgabe zu einer zweiten, welche für gewöhnliche Fälle lauten würde:

Es sollen die Maße einer Feder bestimmt werden, welche für zwei Drehungswinkel, deren Differenz $\theta = \theta_2 - \theta_1$ gegeben ist, zwei gegebene Widerstandsmomente M_1 und M_2 haben.

Wir stellen hier die verschiedenen Bezeichnungen, welche wir angenommen haben, nochmals zusammen und ebenso die Beziehungen der verschiedenen Werte untereinander:

Angriffsmoment	Null	M_1	M	M_1
Dazu gehöriger gesamter Drehungswinkel	Null	θ_1	θ	θ_2
Mittlerer Biegungshalbmesser	ϱ_0	ϱ_1	ϱ	ϱ_2
Gesamtaufwicklungswinkel von einem Ende des Drahtes bis zum anderen	ω_0	ω_1	ω	ω_2
Beschriebener Drehungswinkel zwischen den beiden festgesetzten Grenzen .	$\theta' = \theta_2 - \theta_1 = \omega_2 - \omega_1$			

Da die Werte von θ', M_1 und M_2 gegeben sind oder aus der Aufgabe selbst hervorgehen, so ist die Lösung dieselbe für Spiralfedern wie für zylindrisch gewundene Biegungsfedern.

Man hat also

$$\theta' = \theta_2 - \theta_1 \qquad \text{und} \qquad \frac{\theta_1}{M_1} = \frac{\theta_2}{M_2} = \frac{\theta_2 - \theta_1}{M_2 - M_1},$$

woraus man folgert, daß

$$\theta_1 = \frac{M_1 \cdot \theta'}{M_2 - M_1} \qquad \text{und} \qquad \theta_2 = \frac{M_2 \cdot \theta'}{M_2 - M_1}.$$

Wenn man außerdem die Beanspruchung R_2, die für das größte Moment M_2 zugelassen werden soll, bestimmt, so hat man nach der Formel (Tabelle S. 94) das Verhältnis der Stärke oder des Durchmessers zu der Länge:

$$\frac{\ }{L} \quad \text{oder} \quad \frac{c}{L} \quad \text{oder} \quad \frac{d}{L} = \frac{2\,R}{E\,\theta}.$$

In den Federn mit rechteckigem Querschnitt ist im allgemeinen die Länge des Federbandes ziemlich beschränkt, in der Praxis 4 bis 8 m, aber man kann auch ausnahmsweise 10 bis 12 m erreichen.

Runder Draht dagegen, welcher meistens für die gewundenen zylindrischen Biegungsfedern angewendet wird, gestattet Längen bis zu 20 und 30 m.

Im ersten Falle, mit rechteckigem Querschnitt, genügt es, b und L derart zu bestimmen, daß sie der vorhergehenden Bedingung entsprechen, und dann leitet man davon die nötige Breite ab, um ein Widerstandsmoment für diesen Schnitt $\frac{I}{v}$ zu erhalten, welcher der festgesetzten Beanspruchung von R_2 entspricht.

Im zweiten Fall, mit rundem oder quadratischem Querschnitt, muß man zuerst den Querschnitt bestimmen, welcher der festgesetzten Beanspruchung entspricht, d. h., welcher einen genügend großen Wert von $\frac{I}{v}$ hat, und davon leitet man dann die nötige Länge des Drahtes ab.

Nachdem man so die Maße des Querschnittes und des Drahtes oder des Stabes und ihre Längen festgesetzt hat, hängen die anderen Maße von verschiedenen Betrachtungen ab, wie es in dem nachfolgenden Beispiel gezeigt wird.

1. Spiralfeder.

Die mittleren Biegungshalbmesser ϱ_1 und ϱ_2 der Feder für beide Endstellungen brauchen nur der Bedingung

$$\theta' = L \cdot \frac{\varrho_1 - \varrho_2}{\varrho_1 \varrho_2}$$

zu entsprechen, wonach man dann aus dem angenommenen ersten Biegungshalbmesser den anderen ableiten kann. Also:

$$\varrho_1 = \frac{L \varrho_2}{L - \theta^1 \varrho_2} \qquad \text{oder} \qquad \varrho_2 = \frac{L \varrho_1}{L + \theta^1 \varrho_1}.$$

Die Biegungshalbmesser der Enden der Feder werden in diesen beiden Formeln, welche den Endmomenten M_1 und M_2 entsprechen, gegeben durch

$$\varrho_1' = \varrho_1 \pm \frac{1}{2} \frac{b\,\omega_1}{2\pi} \qquad \text{und} \qquad \varrho_2' = \varrho_2 \pm \frac{1}{2} \frac{b\,\omega_2}{2\pi}$$

mit

$$\omega_1 = \frac{L}{\varrho_1} \qquad \text{und} \qquad \omega_2 = \frac{L}{\varrho_2}.$$

Diese Werte erlauben die inneren Maße des Kastens zu bestimmen, in welchen die Feder untergebracht werden soll, sowie auch den inneren Kern.

In der Praxis muß man, um den verlorenen Raum und die verschiedenen Fabrikationsunterschiede und schließlich auch, um eine gewisse Regulierung der Feder zu gestatten, für diese Halbmesser Werte annehmen, die bedeutend über oder unter den durch die Berechnung erhaltenen liegen.

2. Schraubenfeder.

In diesen besonderen Fällen hängt der Aufwicklungshalbmesser, der konstant für die ganze Länge des Drahtes ist, natürlich von dem Raum, der in bezug auf den Durchmesser und die auf der Achse gemessene Länge zur Verfügung steht, ab.

Da die Werte L und d oder c, die gegeben (oder berechnet der angenommen, wie weiter vorn angegeben) sind, so wird es leicht sein, den Raumbedarf und die Maße für die Herstellung festzusetzen.

Erstes Beispiel.

Spiralfedern.

Man soll eine Spiralfeder aus Bandstahl berechnen, welche dazu bestimmt ist, eine konstante Last P, die den Weg C durchläuft, vermittels der in der Abb. 30 schematisch dargestellten Einrichtung im Gleichgewicht zu halten.

Gegeben:

Das Gewicht	$P = 75$ kg
Der Weg	$C = 360$ mm
Zahnrad	$D p = 50$ mm
Zugelassene theoretische Abweichungen nach der Beendigung des Weges	$\pm 20\%$.

Man hat

$$M = 75 \cdot 25 = 1875 \qquad \text{und} \qquad \theta' = \frac{360}{25} = 14{,}4\,,$$

wonach

$$M_1 = 1875 - 20\% = 1500$$
$$M_2 = 1875 + 20\% = 2250\,,$$

und dann

$$\theta_1 = \frac{1500 \cdot 14{,}4}{2250 - 1500} = 28{,}8$$

und

$$\theta_2 = \frac{2250 \cdot 14{,}4}{2250 - 1500} = 43{,}3$$

werden.

Für eine Maximalbeanspruchung von $R_2 = 70$ kg bei $E = 20000$ muß man haben:

$$\frac{b}{L} = \frac{2 \cdot 70}{20000 \cdot 43,3} = \frac{1}{6200}.$$

Man kann z. B. nehmen:

$$b = 1,5 \qquad \text{und} \qquad L = 9300,$$

deren Verhältnis gleich dem obigen ist.

Man muß daher eine solche Breite auswählen, daß

$$\frac{I}{v} = \frac{2250}{70} = 32$$

wird, also eine Gesamtbreite von 85 mm.

Das Gleichgewicht kann dann durch eine einzige Feder von 1,5 · 85 und von 9,300 mm Länge hergestellt werden, oder aber vermittels mehrerer Federn von gleicher Stärke 1,5 mm und von gleicher Länge 9300 mm und von solchen Breiten, daß ihre Summe gleich der berechneten Breite von 1,5 · 42,5 · 9300 ist.

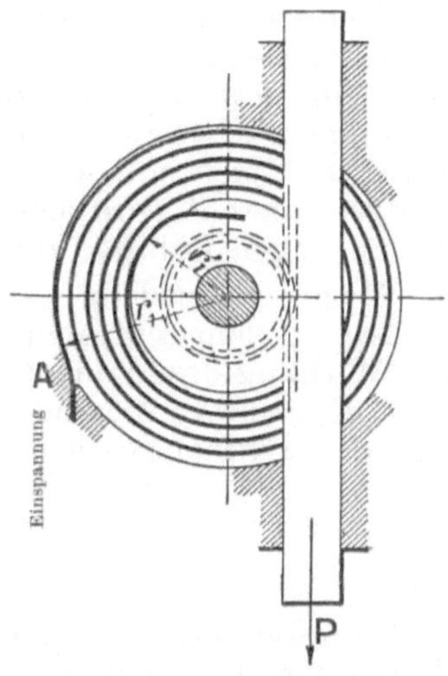

Abb. 30. Schematische Einrichtung für die Gewichtsausgleichung durch eine Spiralfeder.

Für gewöhnliche praktische Anwendungen stellen die Fabriken meistens einige wenige Modelle von Federn, um deren Zahl zu vermindern, mit Querschnittmaßen und Längen her, wie sie im Handel verlangt werden. Gewöhnlich kann man dann durch Vereinigung verschiedener Modelle die Aufgabe lösen.

Wenn wir die obigen Maße von 1,5 · 85 · 9300 für eine Feder beibehalten, so kann man die Berührungen der Windungen untereinander nach der Formänderung und folglich auch die Reibungen während des Gebrauchs verringern, indem man der nicht angespannten Feder eine solche Form gibt, daß ein genügender Spielraum zwischen den Windungen bleibt.

Die allgemeine Formel $M = EI\left(\frac{1}{\varrho} - \frac{1}{\varrho_0}\right)$ würde natürlich gestatten, durch Berechnung den Biegungshalbmesser in verschiedenen Punkten zu bestimmen und folglich die Herstellungsform zu zeichnen, die unter der angegebenen Belastung die gewünschte Form ergeben würde. Mit Ausnahme gewisser Fälle begnügt man sich jedoch in der Praxis mit der Form, welche die Feder annimmt, wenn man sie in kaltem Zustande auf einen Kern von angemessenem Durchmesser, der jedoch kleiner sein muß als der, den man für den Gebrauch angenommen hat, und welchen man für jeden Fall zu bestimmen hat, aufrollt. Bei dieser Aufwicklung wird die Elastizitätsgrenze des Metalls überschritten, aber das Band oder der Draht, nachdem man die Feder wieder freigelassen hat, wird, da sie trotzdem noch eine gewisse Elastizitätsgrenze besitzt, eine gewisse Form annehmen, welche dann als Form für die Herstellung benutzt wird. Der Spielraum, welcher zwischen den verschiedenen Windungen entsteht, wird sich demjenigen nähern, der nötig ist, um Berührungen während des Gebrauchs zu vermeiden.

Wenn wir in dem gewählten Beispiele den Biegungshalbmesser an dem zentralen Ende der Feder $\varrho_2'' = 50$ mm, unter der Wirkung des Momentes M_2, und für eine Beanspruchung von $R_2 = 60$ kg bestimmen, so kann die angegebene allgemeine Formel geschrieben werden:

$$\frac{1}{\varrho_0''} = \frac{EI - M_2 \cdot \varrho_2''}{EI\varrho_2''} = \frac{20\,000 \cdot 24 - 2250 \cdot 50}{20\,000 \cdot 24 \cdot 50} = \frac{1}{65{,}5},$$

also: $$\varrho_0'' = 65{,}5\,.$$

Von diesem Werte können wir leicht den Halbmesser des Kerns von ϱ_3 ableiten, auf welchen die Feder für die Herstellung aufgewickelt werden muß, damit sie in ungespanntem Zustande den Halbmesser ϱ_0 annimmt.

Wenn die Elastizitätsgrenze des Metalls $R_e = 80$ ist, so wird das theoretische Moment, welches für die Aufwicklung nötig ist, so sein, daß es dem Verhältnis

$$\frac{M_3}{M_2} = \frac{R_e}{R_2}, \qquad \text{wonach} \qquad M_3 = \frac{M_2 \cdot R_e}{R_2}$$

entspricht, also $$M_3 = \frac{2250 \cdot 80}{60} = 3000\,.$$

Andererseits kann die allgemeine Formel auch noch auf folgende Art geschrieben werden:

$$\frac{M_2}{M_3} = \frac{\varrho_0'' - \varrho_2''}{\varrho_0'' - \varrho_3''}, \qquad \text{wonach} \qquad \varrho_3'' = \varrho_0'' - \frac{M_3(\varrho_0'' - \varrho_2'')}{M_2}$$

und daher $$\varrho_3'' = 65{,}5 - \frac{3000(65{,}5 - 50)}{2250} = 44{,}5\,.$$

Dieser Halbmesser würde also der theoretische Biegungshalbmesser, welchen man der Feder für die Herstellungsaufwicklung geben müßte, sein. In der Praxis muß man jedoch einen bedeutend kleineren Halbmesser annehmen.

Die Gesamtlänge der Feder ergibt dann unter der für die Herstellung nötigen Spannung, welche demselben Moment M_3 entspricht, und mit einer Aufwicklung ohne Zwischenräume, d. h. so, daß sich alle Windungen fest berühren, einen äußeren Halbmesser für den Raumbedarf ϱ_3', so daß

$$\pi(\varrho_3' + {}_3'') n_3 = L \qquad \text{mit} \qquad n_3 = \frac{\varrho_3' - \varrho_3''}{e},$$

wonach $\varrho_3'^2 - \varrho_3''^2 = \dfrac{Le}{\pi}$ und $\varrho_3' = \sqrt{\dfrac{Le}{\pi} + \varrho_3''^2}$

und daher $\varrho_3' = \sqrt{\dfrac{9300 \cdot 1{,}5}{3{,}14} + 44{,}5^2} = 80 \text{ mm}$.

In freiem Zustande wird dieser Halbmesser ϱ_0' dem Verhältnis

$$\frac{1}{\varrho_3'} - \frac{1}{\varrho_0'} = \frac{M_3}{EI}$$

entsprechen, nach welchem man dann $\varrho_0' = 160$ mm annähernd berechnen kann.

Unter der Wirkung von $M_1 = 1500$, welchen wir anfangs festgestellt haben, wird der Biegungshalbmesser des äußeren Endes auf dieselbe Weise festgesetzt

$$\varrho_1' = 107 \text{ mm}.$$

Wenn wir die verschiedenen berechneten Werte zusammenstellen, so haben wir die folgenden Maße:

Rechteckiger Querschnitt des Drahtes . . . $1{,}5 \cdot 85$
Gesamtlänge des Drahtes 9300

Nötiger Raum:

Halbmesser des Kerns: Von dem Werte des theoretischen Halbmessers der neutralen Fase abgeleitet . . . . $\varrho_2'' = 50$
in der Praxis 45

Innerer Halbmesser des Raumes:

theoretisch . . . . $\varrho_1' = 107$
in der Praxis 115

Herstellung:

Halbmesser des Aufwicklungskerns:

theoretisch . . . . $\varrho_3'' = 44{,}5$

in der Praxis 40

Freie Feder:

Vorgesehener Biegungshalbmesser für die freie Feder . . . . $\begin{cases} \varrho_0'' = 65 \\ \varrho_0' = 160 \end{cases}$

Die so erhaltene Feder würde der Abb. 28 gleichen, aber mit etwas größerem Spielraume zwischen den äußeren Windungen als zwischen den zentralen.

Die so konstruierte Feder mit eingespannten Enden müßte sich theoretisch so verhalten, daß während der Arbeit, bis dicht an die Elastizitätsgrenze heran, keine Berührungen zwischen den verschiedenen Windungen stattfänden, für welche letztere die Halbmesser, durch das Moment M_3, zu ϱ_3' und ϱ_3'' werden, wie wir sie vorher berechnet haben bei Berührung auf der ganzen Linie.

Zweites Beispiel.

Schraubenfeder.

Es soll eine Schraubenfeder aus rundem Draht berechnet werden, welche einen Rolladen, der auf eine Trommel aufgewickelt wird, im Gleichgewicht halten soll, wozu folgende Angaben gemacht werden:

Das Moment, welches am oberen Ende des Weges angreift. . . $M_1 = 5\text{ kg} \cdot 85 = 425$

Das Moment, welches am unteren Ende des Weges angreift. . . $M_2 = 20\text{ kg} \cdot 45 = 900$

Der Drehungswinkel der Trommel, welcher dem ganzen Wege entspricht . . . . $\theta = 19$

Der Raum, in welchen die Feder in der Trommel untergebracht werden soll . . . . $\begin{cases} \text{Inn. Durchm.} = 65\text{ mm} \\ \text{Länge} = 1000\text{ mm} \end{cases}$

Die Drehungswinkel an den Enden des Weges sind dann:

$$\theta_1 = \frac{425 \cdot 19}{900 - 425} = 17 \qquad \text{und} \qquad \theta_2 = \frac{900 \cdot 19}{900 - 425} = 36\,.$$

Wenn man eine Höchstbeanspruchung von $r_2 = 75$ kg pro qmm am Ende des Weges zuläßt, so hat man:

$$\frac{I}{v} = \frac{900}{75} = 12,$$

wonach der Draht einen Durchmesser von $d = 5$ mm haben muß, für welchen $\frac{I}{v} = 12{,}5$ ist und infolgedessen $R_2 = 72$ kg wird.

Man berechnet danach leicht die Länge des Drahtes $L = \frac{5 \cdot 20000 \cdot 36}{2 \cdot 72} = 25000$ mm oder 25 m.

Diese Feder muß, um in dem Raume von 65 mm Durchmesser untergebracht werden zu können, in unbelastetem Zustande (Herstellungsform) einen bedeutend geringeren äußeren Durchmesser haben, wie z. B. einen mittleren Aufwicklungsdurchmesser von $\varrho_0 = 28$, nach welchem der äußere Durchmesser 61 mm werden würde.

Die zentrale Achse, welche durch die Trommel geht, muß auch einen gewissen Spielraum lassen, um die Drehung θ_2 der Feder zuzulassen. (Die diesem Winkel entsprechende Verkürzung des mittleren Halbmessers ist übrigens sehr unbedeutend.)

Mit diesem Herstellungsdurchmesser wird der Gesamtaufwicklungsdurchmesser zu

$$\omega_0 = \frac{L}{\varrho_0} \quad \text{also} \quad \frac{25000}{28} = 895,$$

und die Länge des Raumbedarfs auf der Achse wird, wenn man einen Spielraum von 1 mm zwischen den Windungen zuläßt

$$H = \frac{895\,(5 + 1)}{2 \cdot 3{,}14} = 850 \text{ mm}.$$

Man könnte auch in diesem Falle das Gleichgewicht durch mehrere ähnliche Federn herstellen, deren Wirkungen sich zusammenschlössen.

Mit zwei Federn z. B. würde man für jede derselben haben:

$$\left(\frac{I}{v}\right)' = \frac{1}{2}\frac{I}{v},$$

wonach wir einen Durchmesser von . $d' = 4$ mm

erhalten würden, und eine Länge des Drahtes von . . . . $L = 20{,}0$ m

Folglich wird der Raumbedarf für jede Feder eine Länge von . . . . . . $H' = 550$ mm

haben.

Diese Auseinandersetzung erlaubt uns, wie in dem vorhergehenden Beispiele, um die Zahl der verschiedenen Modelle zu verringern, einige handelsmäßige Typen herzustellen, durch deren Zusammenstellung man fast alle Aufgaben, die im praktischen Leben vorkommen, lösen kann.

Schließlich kann man in gewissen Fällen, in welchen der vorhandene Raum sowohl in bezug auf den Durchmesser als auch auf die Länge sehr begrenzt ist, sich der vielfachen Federn bedienen, um die Aufgabe zu lösen.

Viertes Kapitel.

Vielfache Federn.

Verwendung der vielfachen Federn.

Die in den vorhergehenden Kapiteln angegebenen Formeln und graphischen Darstellungen erlauben, schnell jede Art von Federn, die gegebenen Bestimmungen entsprechen, zu bestimmen.

In einigen Fällen jedoch wird die Ausführung durch die großen Maße, die für sehr starke Federn nötig sind, und ebenso durch den großen Raumbedarf erschwert, der, wenn man nur eine Feder anwendet, erforderlich wird.

In anderen Fällen zwingt der vorhandene Raum, selbst bei kleinen Stärken, den Raumbedarf auf ein Minimum zu verringern.

Es ist daher interessant, eine Lösung für alle Fälle zu suchen, in welcher man nicht nur allen anderen Forderungen gerecht wird, sondern auch die besten Bedingungen für einen geringsten Raumbedarf, für eine gegebene Stärke und Biegsamkeit findet.

Aus diesen Gründen ist man mitunter gezwungen, doppelte oder dreifache Federn usw. anzuwenden, eine Lösung, die mitunter selbst für schwache Federn aus ganz anderen als Raumbedarfsgründen angewendet wird.

Die nachstehenden Ausführungen geben uns die charakteristischen Merkmale für diese Art von Federn an und erlauben uns ferner, schnell eine vielfache Feder zu bestimmen, die gleiche Stärke und gleiche Biegsamkeit wie eine gewöhnliche Feder hat.

§ 1. Vielfache Federn für Zug, Druck und Stoß.

Diese Federn werden aus zwei oder mehr Federn gebildet, die ineinandergesteckt werden und dieselbe Aufwicklungsachse haben.

Die Abb. 31 zeigt eine aus drei konzentrischen Federn zusammengesetzte Gruppe mit den theoretischen Höhen H_1, H_2 und H_3.

Die Richtung der Schraubenaufwicklung ist wechselnd, um die Übelstände, die durch die immer möglichen Berührungen zwischen den Federn entstehen, soviel als möglich auf ein Minimum zu beschränken.

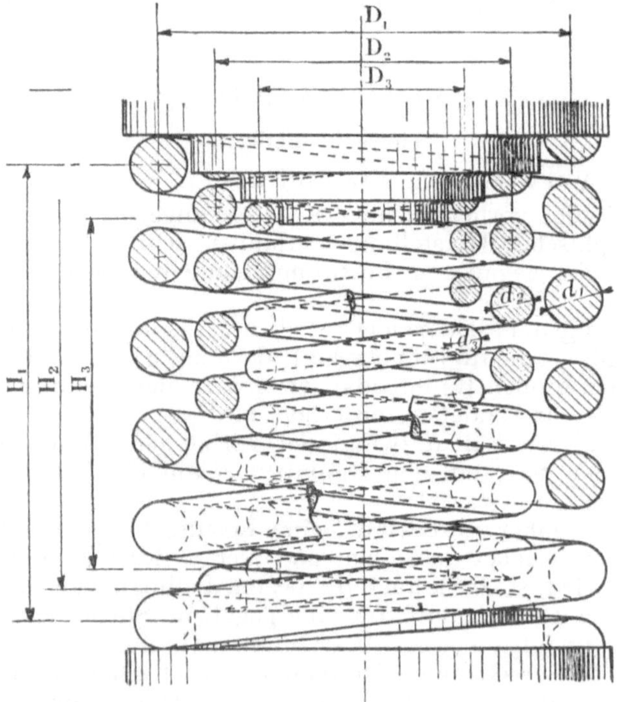

Abb. 31. Dreifache, aus rundem Draht zusammengesetzte Feder für Druck oder Stoß.

Vergleich der theoretischen Gewichte der einfachen mit denen der vielfachen Federn.

Die Gewichte der einfachen Schraubenfedern sind vorher (S. 42) für die verschiedenen Drahtquerschnitte festgesetzt worden.

Bezeichnen wir für einen gleichen Drahtquerschnitt mit:

Q das theoretische Gewicht einer einfachen Schraubenfeder,

Q_n das theoretische Gewicht einer vielfachen, aus N konzentrischen Federn zusammengesetzten Schraubenfeder,

$P_1, P_2, P_3 \ldots P_N$ die respektiven Stärken der einzelnen Federn, die die vielfache Feder bilden,

$f_1, f_2, f_3 \ldots f_N$ die respektiven Gesamtbiegungen derselben einzelnen Federn,

$q_1, q_2, q_3 \ldots q_N$ ihre respektiven theoretischen Gewichte.

Da die Querschnitte der Drähte ähnliche Formen haben müssen, und wenn mit m eine Konstante bezeichnet wird, welche von dieser Art Querschnitte abhängt, und wenn man außerdem eine gleichmäßige Beanspruchung für die verschiedenen Federn annimmt, so hat man:

Theoretisches Gewicht der einfachen Feder . $Q = mP^2f$

Vielfache Feder bestehend aus N Elementen	Theoretisches Gewicht des 1. Elements	$q_1 = mP_1^2f_1$
	Theoretisches Gewicht des 2. Elements	$q_2 = mP_2^2f_2$
	Theoretisches Gewicht des 3. Elements	$q_3 = mP_3^2f_3$
	. . . .	
	Theoretisches Gewicht des Nten Elements	$q_N = mP_N^2f_N$

Theoretisches Gewicht der vielfachen Feder . . . . $Q_N = q_1 + q_2 + \ldots q_N = m(P_1^2f_1 + P_2^2f_2 + \ldots + P_N^2f_N)$

Andererseits ist die Gesamtbiegung F die gleiche für alle einzelnen Federn, und folglich hat man:

$$f = \frac{100F}{P}, \quad f_1 = \frac{100 \cdot F}{P_1}, \quad f_2 = \frac{100 \cdot F}{P_2}, \quad \ldots f_N = \frac{100F}{P_N}.$$

also $\quad Q_N = 100mF(P_1 + P_2 + \ldots P_N) = 100mFP$

oder $\quad Q_N = mP^2f = Q.$

Hieraus folgt, daß für gleiche Arten von Querschnitten und unter gleichen Beanspruchungsbedingungen eine vielfache Feder bei gleichmäßiger Beanspruchung in allen den Elementen, aus welchen sie zusammengesetzt ist, dasselbe theoretische Gewicht hat wie eine einfache zylindrische Schraubenfeder von gleicher Kraft und Biegsamkeit.

Vielfache Federn aus rundem Draht.

Gleichmäßige Beanspruchungsbedingungen für die verschiedenen Elemente, die eine vielfache Feder für Zug, Druck und Stoß zusammensetzen.

Wenden wir nochmals die schon bekannten Bezeichnungen an:

D und d mittlerer Aufwicklungsdurchmesser und Durchmesser des Drahtes einer einfachen Feder.

$D_1, D_2, D_3 \ldots D_N$ die mittleren Aufwicklungsdurchmesser und

$d_1, d_2, d_3 \ldots d_N$ die Drahtdurchmesser

der verschiedenen Federn, welche die vielfache Feder von gleicher Kraft und Biegsamkeit wie die vorher erwähnte einfache Feder bilden.

Nach den schon bekannten Formeln für Schraubenfedern aus rundem Draht hat man:

$$F = \frac{LD}{d} \frac{R'}{G'} .$$

Unter einer beliebigen Belastung ist die Gesamtbiegung eines jeden Elementes der zusammengesetzten Feder selbstverständlich die gleiche. Damit nun die Beanspruchung in jedem dieser Elemente dieselbe ist, muß man daher haben:

$$\frac{D}{d} L = \frac{D_1}{d_1} L_1 = \frac{D_2}{d_2} L_2 = \ldots = \frac{D_N}{d_N} L_N . \tag{36}$$

Vergleichung der Kräfte von einfachen mit denen von vielfachen Federn.

Nehmen wir eine vielfache Feder an, welche in allen ihren Elementen derselben Beanspruchung unter der Last P und bei gleicher Biegsamkeit von F unterliegt. Die betreffenden Lasten, welche die verschiedenen, die Gruppe bildenden Federn zu tragen haben, sind:

Für das erste Element . . . . . . $P_1 = \frac{\pi}{8} \frac{d_1^3}{D_1} \cdot R'$.

Für das zweite Element . . . . . $P_2 = \frac{\pi}{8} \frac{d_2^3}{D_2} \cdot R'$.

Für das dritte Element . . . . . $P_3 = \frac{\pi}{8} \frac{d_2^3}{D_3} \cdot R'$.

. . . .

Für das Nte Element . . . . . . $P_N = \frac{\pi}{8} \frac{d_N^3}{D_N} \cdot R'$.

Die Kraft dieser vielfachen Feder ist daher:

$$P_1 + P_2 + P_3 + \ldots P_N = \frac{\pi}{8} \left(\frac{d_1^3}{D_1} + \frac{d_2^3}{D_2} + \frac{d_N^3}{D_N} \right) R'.$$

Wenn wir diese mit einer einfachen Feder mit den Durchmessern D und d vergleichen und deren Kraft folglich gleich:

$$P = \frac{\pi}{8} \frac{d^3}{D} R'$$

wäre, so würden die beiden Federarten eine gleiche Kraft haben, wenn:

$$\frac{d^3}{D} = \frac{d_1^3}{D_1} + \frac{d_2^3}{D_2} \dots + \frac{d_N^3}{D_N} \tag{37}$$

ist.

Die Formeln (36) und (37) bestimmen noch genauer die Bedingungen, die eine beliebige vielfache Feder aus rundem Drahte, die den gleichen Bedingungen in bezug auf Kraft und Biegsamkeit einer einfachen Schraubenfeder entspricht, zu erfüllen hat und außerdem eine gleichförmige Beanspruchung in allen Elementen, die sie zusammensetzt, sichert.

Bedingungen, um für vielfache Federn den geringsten Raumbedarf zu erzielen.

Um den verfügbaren Raum bestens auszunützen, ist es notwendig, die Federn so auszuführen, daß die Windungen zu gleicher Zeit in allen Elementen der Gruppe fest zusammengepreßt werden.

Es handelt sich hier um eine neue Bedingung, welche in die Gleichung (36) eingeführt werden muß, und die für gleiche theoretische Höhen geschrieben werden kann:

$$n_1 \cdot d_1 = n_2 \cdot d_2 = n_3 \cdot d_3 = \dots = n_N \cdot d_N .$$

Man folgert danach, daß

$$t_1 = \frac{D_1}{d_1} = \frac{D_2}{d_2} = \dots = \frac{D_N}{d_N} = t_N \tag{38}$$

und

$$L_1 = L_2 = L_3 = \dots = L_N . \tag{39}$$

Diese Bedingungen sind zu erfüllen, um gleiche theoretische Höhen mit denselben Beanspruchungen und vollständige Zusammenpressungen, die zu gleicher Zeit für alle einzelnen Federn stattfinden, zu erreichen.

Aus der Abb. 32 kann man die Regel erkennen, nach welcher die Drahtdurchmesser in bezug auf den Aufwicklungsdurchmesser verändert werden müssen. Diese Durchmesser d_1, d_2 usw. werden nach Gleichung (38) durch eine gerade Linie, die durch O geht, bestimmt.

Ein abweichender Wert für diese Beziehungen oder der Längen würde selbstverständlich zu nichts anderem führen als zu verschiedenen theoretischen Höhen für die verschiedenen Elemente und folglich zu einer Gruppe von Federn mit Stufen. Diese Bedingung kann auch für gewisse Fälle zugelassen werden, aber man muß dennoch immer die Bedingungen der Gleichungen (36) und (37) beachten.

Werte des Verhältnisses $t = t_N$ in den vielfachen Federn.

Wenn man die in den letzten Formeln festgesetzten Bedingungen in Betracht zieht, so kann man davon leicht den Wert für das Verhältnis von $t_1 = t_N$ ableiten, und dann

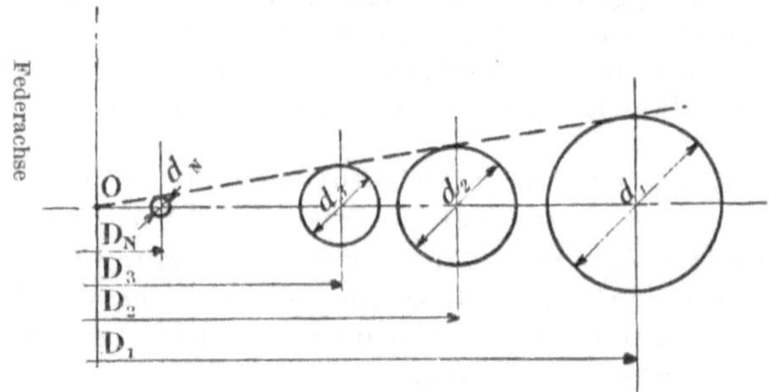

Abb. 32. Regel über die Veränderungen der Aufwicklungsdurchmesser in bezug auf die Drahtdurchmesser.

$$\frac{D_1}{d_1} = \frac{D_2}{d_2} = \frac{D_3}{d_3} = \ldots = \frac{D_N}{d_N}.$$

kommt man zu der gleichen allgemeinen Formel wie die, welche wir für die einfachen Federn gefunden haben. Also:

$$t = t_1 = t_N = z \sqrt{\frac{G'}{R'} \cdot \frac{Pf}{H}}$$

mit denselben Werten für den Koeffizienten z für die verschiedenen Querschnittsarten (S. 48).

Zahl der für eine vielfache Feder nötigen Elemente.

Wir haben schon darauf hingewiesen, daß in den vielfachen Federn man einen gewissen Spielraum zwischen den Durchmessern der verschiedenen Elemente, welche die Gruppe bilden, vorsehen muß. Dieser Spielraum kann zunächst frei gewählt werden, aber, um den verfügbaren Raum besser auszunutzen, tut man in der Praxis meistens gut, diesen Spielraum auf das geringste Maß zu beschränken. — Um eine einfache Formel aufzustellen, können wir annehmen, ohne daß dies eine besondere Bedingung wäre, daß der geringste Spielraum erreicht wird, wenn man ungefähr hat:

$$D_1 = D_2 + 2d_1, \quad D_2 = D_3 + 2d_2, \quad D_3 = D_4 + 2d_3 \ldots$$
$$D_{(N-1)} = D_N + 2d_{(N-1)}.$$

Man kommt auf diese Art für runden Draht zu der Formel

$$P = \frac{\pi}{8} R' \left(\frac{d_1^3}{D_1} + \frac{d_2^3}{D_2} + \ldots + \frac{d_N^3}{D_N} \right).$$

Durch einige Abänderungen in dieser Formel und unter Berücksichtigung der Formel (36), und wenn man schreibt $\mu = \left(1 - \frac{2}{t}\right)^2$, in welcher t den vorher bestimmten Wert hat, erhält man:

$$P = \frac{\pi}{8} \frac{R'}{t^3} D_1^2 \left(\frac{\mu^N - 1}{\mu - 1} \right).$$

Für eine einfache Feder mit gleichen charakteristischen Merkmalen und von gleicher Höhe H hat man:

$$P = \frac{\pi}{8} R' \frac{d^3}{D} = \frac{\pi}{8} \frac{R'}{t^3} D^2.$$

Für die Vergleichung der beiden Federarten, einfache und vielfache, kann man das Verhältnis ableiten

$$\left(\frac{D_1}{D} \right)^2 = \frac{\mu - 1}{\mu^N - 1}.$$

Diese Formel gestattet, für eine gleiche Höhe H die Anzahl der notwendigen Elemente einer vielfachen Feder zu finden, die eine einfache gegebene Feder ersetzen kann, oder auch den kleinsten Durchmesser D, der gestattet, dieselbe einfache Feder durch eine aus N Elementen zusammengesetzte Feder zu ersetzen.

Die graphische Darstellung Nr. 12 gibt direkt durch einfaches Ablesen die Werte von t an.

Die Betrachtung dieser graphischen Darstellung zeigt klar an, daß, wenn die Verwendung von doppelten Federn gewöhnlich vorteilhaft für den geringeren Raumbedarf ist, dieser Vorteil schnell abnimmt, wenn die Zahl der Federn größer als zwei ist, namentlich für geringere Werte des Verhältnisses t.

Vielfache Federn mit quadratischem, rechteckigem oder elliptischem Querschnitt.

Für Federn, die aus Draht mit quadratischem, rechteckigem oder elliptischem Querschnitt gebildet sind, können dieselben Grundsätze wie für die Querschnitte mit rundem Querschnitt angewendet werden, ebenso wie die Schlußfolgerungen, welche man aus diesen zieht.

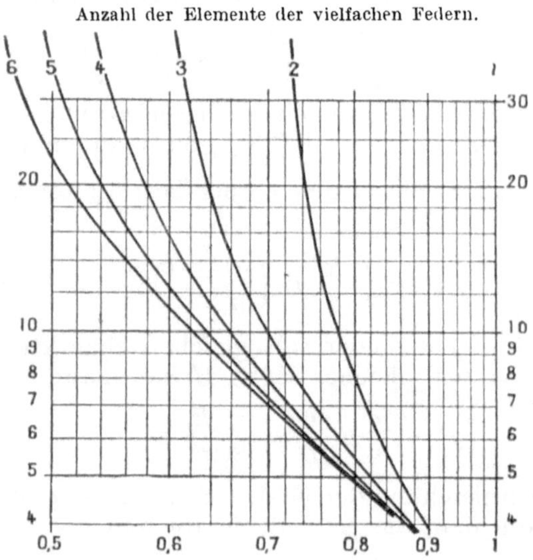

Graphische Darstellung Nr. 12. Vergleichung zwischen dem Raumbedarf in bezug auf den Durchmesser einer einfachen Feder und denjenigen vielfacher Federn für Zug, Druck und Stoß.

Es genügt für die Berechnung der Federn, den Wert des Durchmessers d in den Formeln durch die formbestimmenden Maße des Querschnittes, entweder durch c als Seite des Quadrats oder durch a und b für rechteckige und elliptische Querschnitte, einzusetzen.

In der Tabelle S. 118—119 haben wir die Regeln und Formeln für einfache und vielfache Federn für Zug, Druck und Stoß zusammengestellt.

Beispiel für die Berechnung einer vielfachen Feder.

Es soll eine Schraubenfeder aus rundem Draht berechnet werden, welche den folgenden Bedingungen entspricht:

Normale Belastung (für Beanspruchung von 32 kg) . . . . 1500 kg
Gesamtbiegung pro % kg . . . . 6 mm
Äußerste theoretische Maße, welche der Raum erlaubt . . . . $D_1 = 145$
$H = 160$

Die graphische Darstellung Nr. 8 (S. 51) gibt für runden Draht, welcher dem Verhältnisse

$$\frac{F}{R} = \frac{P \cdot f}{100\,R} = \frac{1500 \cdot 6}{100 \cdot 32} = 2{,}8$$

und $H = 160$ entspricht, den Wert von $t = 6{,}75$.

Die graphische Darstellung Nr. 9 (S. 57) zeigt, daß wir einen sich der Stärke annähernden Wert von 1500 kg nur mit $D = 185$ und $d = 28$ (oder genauer mit $190 \cdot 28{,}2$) erreichen können.

Die Aufgabe kann daher nicht durch eine einfache Feder gelöst werden, da, wenn man sich für t von dem gefundenen Werte entfernt, man sich ebenfalls von der festgesetzten Höhe H entfernt.

Dagegen zeigt uns die graphische Darstellung Nr. 12, daß für diesen Wert von t eine doppelte Feder uns gestatten würde, den Durchmesser D auf $D_1 = 0{,}82\,D$, also $D_1 = 0{,}82 \cdot 190 = 156$ ungefähr zu vermindern. Eine dreifache Feder würde erlauben, $D_1 = 0{,}76\,D$, also auf $D_1 = 0{,}76 \cdot 190 = 144$ ungefähr zu verringern.

Der vorgeschriebene Durchmesser von 145 fordert daher eine dreifache Feder, und nach der graphischen Darstellung Nr. 9 kann man leicht die Aufwicklungsdurchmesser, die Maße der Querschnitte und die respektiven Belastungen eines jeden Elementes, wie nachstehend, bestimmen, aber immer nur für den Wert von $t = 6{,}75$.

	Mittlerer Aufwickelungsdurchmesser	Durchmesser des Drahtes	Normale Belastung
Erstes Element .	$D_1 = 145$	$d_1 = 21{,}5$	$P_1 = 860$
Zweites Element .	$D_2 = D_1 - 2\,d_1 = 102$	$d_2 = 15$	$P_2 = 430$
Drittes Element .	$D_3 = D_2 - 2\,d_2 = 72$	$d_3 = 10{,}5$	$P_3 = 210$

Wir haben die für die Durchmesser gefundenen Werte abgerundet. Man weicht zwar dadurch etwas von den vorgeschriebenen theoretischen Bedingungen über gleichmäßige Beanspruchung bei gleicher Biegung ab, aber die Ergebnisse sind für die Praxis genügend genau.

Einfache
für Zug, Druck

Das unten angegebene Verhältnis t, welches die Beziehung zwischen Achse der Feder winkelrechten Schnittes angibt, muß gewöhnlich größer

Federn aus

Bedingung für die gleichmäßige Beanspruchung und gleich der einer einfachen Feder.

Bedingungen für eine Gesamtstärke gleich der einer einfachen Feder.

Bedingung für den geringsten Raumbedarf oder für gleiche theoretische Höhen.

Federn aus Draht mit

Dieselben Formeln wie vorstehend sind zu verwenden, aber indem Querschnitt bestimmt, entweder c für quadratischen Querschnitt,

Die Richtung des Schnittes hat nur Einfluß

Es wird dann leicht sein, durch die graphischen Darstellungen für diese Maße alle anderen Unbekannten für jedes Element der vielfachen Feder zu bestimmen, wie Biegsamkeit, Drahtlänge, Anzahl der Windungen usw., wie es in dem berechneten Beispiele für eine einfache Feder angegeben ist.

§ 2. Vielfache Biegungsfedern.

Wir haben schon gesagt, daß, da die Art der Aufwicklung ohne Einfluß auf die Arbeit der gewundenen Biegungsfedern ist, die allgemeinen Formeln für gewundene Biegungsfedern für alle Fälle anwendbar sind.

Wenn es sich um zylindrische Schraubenfedern handelt, so gestattet die theoretische Höhe H, bei vollständiger Zusammenpressung den geringsten Wert des Aufwicklungsdurchmessers zu bestimmen.

Wenn in diesen Federn die Windungen unter der Wirkung des Drehungskräftepaares anfangen sich zu berühren, so wird die Formänderung der Feder und die Drehung weiter vor sich gehen, wenn das Drehungsmoment zunimmt, aber die Windungen, die in Berührung getreten sind, bringen unter sich einen allerdings schwachen Druck hervor, welcher jedoch

und vielfache Federn
und Stoß.

dem mittleren Aufwicklungsdurchmesser und dem Maße des zur
als 6 sein. Nur in Ausnahmefällen darf sich dieser Wert 4 nähern.

rundem Drahte.

$$\frac{D}{d} L = \frac{D_1}{d_1} L_1 = \frac{D_2}{d_2} L_2 = \ldots = \frac{D_N}{d_N} L_N. \qquad (36)$$

$$\frac{d^3}{D} = \frac{d_1^3}{D_1} + \frac{d_2^3}{D_2} + \ldots \frac{d_N^3}{D_N}. \qquad (37)$$

$$\left\{ \begin{array}{ll} t = \frac{D}{d} = t_1 = \frac{D_1}{d_1} = \frac{D_2}{d_2} = \ldots = \frac{D_N}{d_N} = t_N. & (38) \\ L = L_1 = L_2 = L_3 = \ldots = L_N & (39) \end{array} \right.$$

beliebigem Querschnitte.
man in ihnen d durch das Maß ersetzt, welches den betreffenden
a und b für rechteckigen und elliptischen Querschnitt.

auf die Höhe des Raumbedarfs.

mit dem Angriffsmoment zunimmt. Es entsteht dadurch eine Reibung und folglich ein Arbeitsverlust, der die Biegsamkeit beeinflußt und namentlich eine Abnutzung und eine Erwärmung des Metalls während der Benutzung der Feder hervorbringt.

Die Formänderung ist also nicht, wie in den Federn für Druck und Stoß, durch die Feder selbst begrenzt. Es ist jedoch gut, diese Berührungen zu vermeiden. Es genügt dafür, bei der Herstellung einen Schraubengang vorzusehen, der zwischen den Windungen einen gewissen Spielraum läßt, welcher sehr klein sein kann. Dieser Spielraum, wenn er auf ein Minimum beschränkt bleibt, ergibt dann für den bestimmten Aufwicklungsdurchmesser den kleinsten Raumbedarf für die Höhe.

Gewisse Aufgaben führen bei den praktischen Anwendungen dazu, wie bei den vorhergehenden Federn, die beste Ausnutzung eines gegebenen Raumes zu suchen. Man kommt aus diesem Grunde wieder auf die Verwendung von vielfachen Federn. Hierbei müssen wir jedoch noch bemerken, daß im Gegensatz zu den Federn für Zug, Druck und Stoß die Elemente der vielfachen Federn für Biegung dieselbe Aufwicklungsrichtung haben müssen.

Theoretisches Gewicht der vielfachen Biegungsfedern.

Wenn man wiederum annimmt, daß die Querschnitte der Drähte der einzelnen Federn, welche die vielfache Feder bilden, wie in den vielfachen Federn für Druck und Stoß ähnliche Formen haben, so kann man leicht, wie in dem ersteren Falle, feststellen, daß

„für eine gleiche Art von Querschnitten des Drahtes und unter denselben Beanspruchungsbedingungen das theoretische Gewicht einer vielfachen Biegungsfeder, die für gleichmäßige Beanspruchung für alle Elemente, die die Gruppe bilden, konstruiert ist, das gleiche ist, wie das einer einfachen Feder mit gleichen charakteristischen Merkmalen.“

In der Praxis ist die einzige Art von vielfachen Biegungsfedern, die angewendet wird, die von zylindrischen Schraubenfedern.

Vielfache Federn aus rundem Draht.

Bedingungen für eine gleichmäßige Beanspruchung.

Wenn man bezeichnet mit:

M die Gesamtstärke einer vielfachen Biegungsfeder,

M_1, M_2, $M_3 \ldots M_N$ die Stärke der verschiedenen einzelnen Federn, so hat man:

$$M = M_1 + M_2 + M_3 + \ldots + M_N .$$

Damit die Beanspruchung immer die gleiche in allen Elementen ist, und da andererseits der Drehungswinkel selbstverständlich derselbe für alle einzelnen Federn ist, so muß den beiden Gleichungen entsprochen werden:

$$R = \frac{M_1}{\frac{I_1}{v_1}} = \frac{M_2}{\frac{I_2}{v_2}} = \ldots = \frac{M_N}{\frac{I_N}{v_N}},$$

und

$$\theta = \frac{M_1 L_1}{E I_1} = \frac{M_2 L_2}{E I_2} = \ldots = \frac{M_N L_N}{E I_N} .$$

Hieraus folgert man leicht die Bedingung für die gleichmäßige Beanspruchung einer vielfachen Feder im Vergleich mit einer einfachen Feder mit gleicher Beanspruchung, was für einen gleichen Dehnungswinkel ausgedrückt werden kann durch:

$$\frac{L}{d} = \frac{L_1}{d_1} = \frac{L_2}{d_2} = \ldots = \frac{L_N}{d_N} . \tag{40}$$

Vergleich zwischen den Stärken einer einfachen Biegungsfeder mit denen vielfacher Biegungsfedern.

Betrachten wir eine vielfache Feder, die aus N konzentrischen Elementen zusammengesetzt ist. Das Gesamtmoment M, welches auf diese Gruppe wirkt, verteilt sich derartig auf jedes Element, daß:

$$M = M_1 + M_2 + M_3 + \ldots + M_N,$$

oder, indem man M_1, M_2, ... durch ihre Werte ersetzt,

$$M = E\,\theta\left(\frac{I_1}{L_1} + \frac{I_2}{L_2} + \ldots + \frac{I_N}{L_N}\right).$$

Wenn man in diese Gleichung die Bedingung der gleichmäßigen Beanspruchung, die durch die Formel (40) ausgedrückt ist, einführt, und wenn man die vielfache Feder mit einer einfachen Feder aus Draht mit derselben Art von Querschnitt und mit gleichen charakteristischen Merkmalen vergleicht, so findet man für die gleiche Beanspruchung die Beziehung:

$$d^3 = d_1^3 + d_2^3 + \ldots + d_N^3. \tag{41}$$

Die beiden Gleichungen (40) und (41) bestimmen daher genauer die Bedingungen, die bei der Herstellung einer vielfachen Biegungsfeder mit denselben charakteristischen Merkmalen wie eine einfache Feder und mit gleicher Beanspruchung in allen Elementen, die die Gruppe bilden, zu erfüllen sind.

Bedingungen für den kleinsten Raumbedarf für vielfache Biegungsfedern.

Wenn man, wie in den vorhergehenden Beispielen, wünscht, daß alle Elemente, die die vielfachen Federn zusammensetzen, die gleiche theoretische Höhe haben, und daß diese Höhe gleich der einer einfachen gegebenen Feder mit den Durchmessern D und d ist, und wenn schließlich die Zahl der Windungen n ist, so muß man wieder die Gleichungen

$$n \cdot d = n_1 d_1 = n_2 \cdot d_2 = - n_N d_N$$

haben.

Wenn man diese Bedingung in die Gleichung (40) einführt, so erhält man die gleichen Beziehungen:

$$\frac{D}{d^2} = \frac{D_1}{d_1^2} = \frac{D_2}{d_2^2} = \ldots = \frac{D_N}{d_N^2}. \tag{42}$$

Diese Beziehung zeigt uns, daß in den gewundenen Biegungsfedern, im Gegensatz zu den vielfachen Federn für Zug,

Druck und Stoß, die Beziehung des mittleren Aufwicklungsdurchmessers zu dem Drahtdurchmesser nicht konstant ist.

Die Regel der Veränderlichkeit der Drahtdurchmesser in bezug auf den Aufwicklungsdurchmesser ist sehr klar durch die Abb. 33 ausgedrückt, in welcher, nach der Beziehung (42), die Durchmesser durch eine Parabel, die ihren Scheitelpunkt in O hat, begrenzt sind.

Die Beziehung t wird dann immer kleiner für die Elemente, die dicht bei dem Punkte O sind, und folglich ist es die kleinste der einzelnen Federn, welche die praktische Grenze angibt, die für die Herstellung nicht überschritten

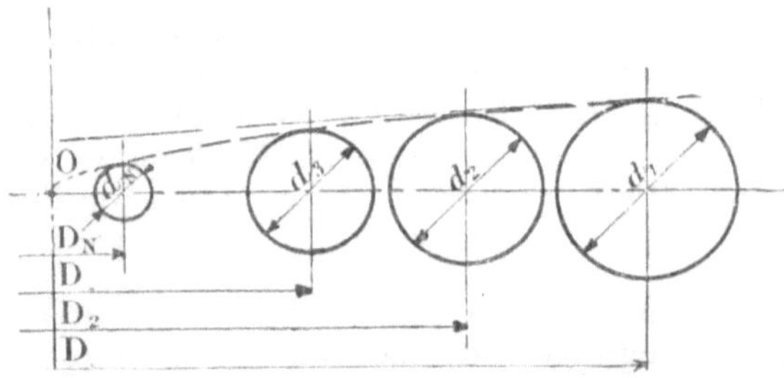

Abb. 33. Regel, nach welcher sich die Aufwicklungsdurchmesser in bezug auf den Drahtdurchmesser verändern.

$$\frac{D_1}{d_1^2} = \frac{D_2}{d_2^2} = \frac{D_3}{d_3^2} = \ldots = \frac{D_N}{d_N^2}.$$

werden darf, um eine anomale Formänderung des Metalls während der Herstellung zu vermeiden.

Dieser praktische Wert ist derjenige, welchen wir schon für die Federn für Zug, Druck und Stoß angegeben haben, d. h. daß er gewöhnlich zwischen 6 und 10 schwankt, daß er aber immer größer als 4 sein muß.

Die Beziehung kann auch in diesem Falle in Funktion von den charakteristischen Merkmalen M und θ, der theoretischen Höhe H bei vollständiger Zusammenpressung und der Beanspruchung R pro qmm ausgedrückt werden. Es erscheint uns unnötig, diese Formel hier anzugeben, da wir sie für die Berechnungen nicht zu gebrauchen haben.

Anzahl der Elemente für vielfache gewundene Biegungsfedern.

Infolge der verwickelten Einflüsse der verschiedenen Veränderlichen einer vielfachen zylindrischen Biegungsfeder kann man nicht im voraus und mit Genauigkeit die Zahl der nötigen Elemente nach dem Raumbedarf, der dem Durchmesser entspricht, angeben, wie wir es vorher für Federn für Druck und Stoß getan haben.

Man ist also gezwungen, verschiedene Lösungen zu versuchen, um eine vielfache Feder herzustellen, die den gegebenen Bedingungen entspricht, und die in dem genau abgemessenen Raum untergebracht werden kann.

Die Gleichung (42), in der Form

$$\frac{t}{d} = \frac{t_1}{d_1} = \frac{t_2}{d_2} = \ldots = \frac{t_N}{d_N} \tag{43}$$

geschrieben, erlaubt uns, alle Unbekannten für einen gegebenen Raumbedarf oder für einen kleinsten Raumbedarf in bezug auf den Durchmesser schnell zu bestimmen, nachdem man eine einfache Feder mit gleichen charakteristischen Merkmalen berechnet hat, wie es in dem folgenden Beispiele gezeigt wird.

Vielfache Federn aus quadratischem, rechteckigem oder elliptischem Draht.

Für die Federn aus quadratischem, rechteckigem und elliptischem Draht wendet man denselben Gedankengang wie für Federn aus rundem Drahte an, und ebenso sind die Folgerungen, die man aus diesem zieht, für die quadratischen, rechteckigen und elliptischen Drähte anwendbar. Es genügt daher für die Berechnung dieser Federn, daß man in den gegebenen Formeln den Wert des Durchmessers d durch die den Querschnitt bestimmenden Maße ersetzt, sei es durch c für quadratischen Querschnitt oder a und b für rechteckigen oder elliptischen Querschnitt.

Wir haben in der nachstehenden Tabelle (S. 124—125) die Regeln und Formeln für einfache und vielfache gewundene Biegungsfedern zusammengestellt.

Beispiel für die Berechnung einer vielfachen Biegungsfeder.

Man soll eine biegsame Verbindung herstellen vermittels einer zylindrischen Biegungsschraubenfeder aus rundem Draht, welche bei 30 kg pro qmm Beanspruchung einem Kräftepaar $M = 6000$ widerstehen kann, und welche bei dieser Beanspruchung einen Drehungswinkel von 130 Grad beschreibt.

Einfache und vielfache

Das unten angegebene Verhältnis, welches die Beziehung zwischen winkelrechten Schnittes angibt, muß gewöhnlich größer als 6 sein.

Federn aus

Bedingung für die gleichmäßige Beanspruchung und gleich der einer einfachen Feder.

Bedingungen für eine Gesamtstärke gleich der einer einfachen Feder.

Bedingung für den geringsten Raumbedarf oder für gleiche theoretische Höhen.

Federn aus Draht mit

Dieselben Formeln wie die vorstehenden sind gültig, man muß nur d stimmen, entweder c für quadratischen Querschnitt oder a und b

Die Lage des Schnittes muß so sein, daß a mit der Federachse die Größenverhältnisse

Einfache Feder.

Nach der allgemeinen Formel hat man:

$$\frac{RM}{R} = \frac{I}{vV} = \frac{60000}{30} = 200\,,$$

woraus wir den Durchmesser $d = 12{,}6$ bestimmen.

Der Drehungswinkel ist:

$$\theta = 130 \cdot \frac{2\pi}{360} = 2{,}26\,.$$

Die nötige Länge des Drahtes ist daher für $E = 20000$ und $I = 1260$, welche dem obigen Durchmesser entsprechen:

$$L = \frac{20000 \cdot 1260}{6000} \cdot 2{,}26 = 9{,}500 \text{ m}\,.$$

Wir haben auf diese Art und Weise den Durchmesser und die Länge des Drahtes bestimmt, welcher für eine einfache Feder anzuwenden ist. Die anderen Maße hängen nur von dem verfügbaren Raum ab.

Wenn wir z. B. für die biegsame Verbindung über eine Länge verfügen, welche für die theoretische Höhe $H = 300$ mm

gewundene Biegungsfedern.

dem mittleren Aufwicklungsdurchmesser und dem Maße des zur Achse
Nur in Ausnahmefällen kann dieser Wert sich dem von 4 nähern.

r u n d e m D r a h t e.

$$\frac{L}{d} = \frac{L_1}{d_1} = \frac{L_2}{d_2} = \ldots = \frac{L_N}{d_N}. \tag{40}$$

$$d^3 = d_1^3 + d_2^3 + \ldots + d_N^3. \tag{41}$$

$$\frac{D}{d^2} = \frac{D_1}{d_1^2} = \frac{D_2}{d_2^2} = \frac{D^3}{d_3^2} = \ldots = \frac{D_N}{d_N^2}. \tag{42}$$

oder

$$\frac{t}{d} = \frac{t_1}{d_1} = \frac{t_2}{d_2} = \frac{t^3}{d^3} = \ldots = \frac{t_N}{d_N}. \tag{43}$$

b e l i e b i g e m Q u e r s c h n i t t.
durch die Maße ersetzen, welche den betreffenden Querschnitt be-
für rechteckige und elliptische Querschnitte.

parallel ist und b winkelrecht zu derselben steht, welche auch immer
dieser Maße sein mögen.

bei sich berührenden Windungen zuläßt, so kann man davon die höchste Anzahl der Windungen ableiten:

$$n \leq \frac{H}{d} \qquad \text{oder} \qquad n \leq \frac{300}{12{,}6} = 23{,}8\,.$$

Wenn man die Anzahl n etwas niedriger annimmt, z. B. 22,5, um zwischen den Windungen einen Spielraum zu haben, so muß man einen Aufwicklungsdurchmesser von

$$D = \frac{9\,500}{3{,}14 + 22{,}5} = 135 \text{ mm}$$

nehmen.

Dieser Wert, welcher ein Verhältnis von

$$t = \frac{D}{d} = \frac{135}{12{,}6} = 10{,}6$$

gibt, ist annehmbar, und der Gang für die Herstellung ist annähernd

$$p = \frac{300}{22{,}5} = 13 \text{ mm}\,.$$

Eine vielfache Feder erlaubt, den Raumbedarf in bezug auf den Durchmesser bedeutend zu vermindern. Die Höhe bleibt dieselbe, wie wir es in dem folgenden Beispiele zeigen werden.

Doppelte Feder.

Um dieselbe Höhe H beizubehalten, muß man nach den Formeln (42) und (43) haben

$$t_N = \frac{t}{d} \cdot d_N = \frac{D}{d^2} d_N .$$

Wenn wir uns z. B. für diesen Wert den kleinsten praktisch annehmbaren von 6 geben, so haben wir in unserem Beispiele

$$d_N = 6 \cdot \frac{12{,}6^2}{135} = 7{,}1 ,$$

und der Aufwicklungsdurchmesser wird dann sein:

$$D_N = 6 \cdot 7{,}1 = 42{,}6 .$$

In runder Zahl kann man annehmen:

$$d_2 = 7 \qquad \text{und} \qquad D_2 = 42 .$$

Für diesen Wert von d_2 ist das Widerstandsmoment gleich

$$\frac{I_2}{v_2} = 34{,}5 = \frac{M_2}{R} .$$

Folglich muß das äußere Moment bei gleichem Drehungswinkel einem Momente M_1 widerstehen, derart, daß

$$\frac{M_1}{R} = \frac{M}{R} - \frac{M_2}{R} = \frac{6000}{30} - 34{,}5 = 165{,}5 = \frac{I_1}{v_1}$$

ist, wonach

$$d_1 = 11{,}8$$

und nach (42)

$$D_1 = 42 \cdot \frac{11{,}8^2}{7^2} = 119 \text{ mm} .$$

Der Spielraum zwischen den Elementen würde zu groß sein, wie es auf der Abb. 35 zu sehen ist, und wir können daher noch mehr den Raumbedarf einschränken in bezug auf den Durchmesser, aber immer unter Beibehaltung der Höhe H, indem man zwei Elemente mit mehr sich annähernden Aufwicklungsdurchmessern sucht.

Wenn wir z. B. für das innere Element einen Draht von 9 mm anstatt von 7 mm Durchmesser annehmen, so müßte man für eine gleiche Höhe einen Aufwicklungsdurchmesser haben von:

$$D_2 = 135 \cdot \frac{9}{12{,}6^2} = 69 \text{ mm}\,.$$

Da das Widerstandsmoment für den Querschnitt von $d_2 = 9 \; \frac{I_2}{v_2} = 73$ ist, so müßte das äußere Element aus einem Draht hergestellt werden, der

$$\frac{I_1}{v_1} = 200 - 73 = 127$$

ergibt, nach welchem $d_1 = 10{,}8$ ist, und danach muß der Aufwicklungsdurchmesser sein:

$$D_1 = 69 \cdot \frac{10{,}8^2}{9^2} = 99 \text{ mm}\,.$$

Die Abb. 36 zeigt, daß, mit Ausnahme des Spielraumes zwischen den beiden Elementen, wir so den geringsten Raumbedarf in bezug auf den Durchmesser für die festgesetzte Höhe bekommen.

Dreifache Feder.

Man kann noch eine größere mögliche Verkleinerung in Betracht ziehen durch Anwendung einer Feder, die aus einer größeren Anzahl von Elementen zusammengesetzt ist.

Nehmen wir von neuem die ersten Werte an, die wir für d_N und D_N gefunden haben, also

$$d_N = 7 \qquad \text{und} \qquad D_N = 42\,.$$

Nehmen wir an, daß wir ein zweites Element, für welches wir annähernd den Drahtdurchmesser

$$d_2 = 8{,}5$$

festsetzen, hinzufügen.

Um dieses in der gleichen Höhe H unterbringen zu können, müssen wir immer noch nach Gleichung (42) haben

$$D_2 = D_N \cdot \frac{d_2^2}{d_N^2}\,,$$

also

$$D_2 = 42 \cdot \frac{8{,}5^2}{7^2} = 62 \text{ mm}\,.$$

Gewundene Biegungsfedern.

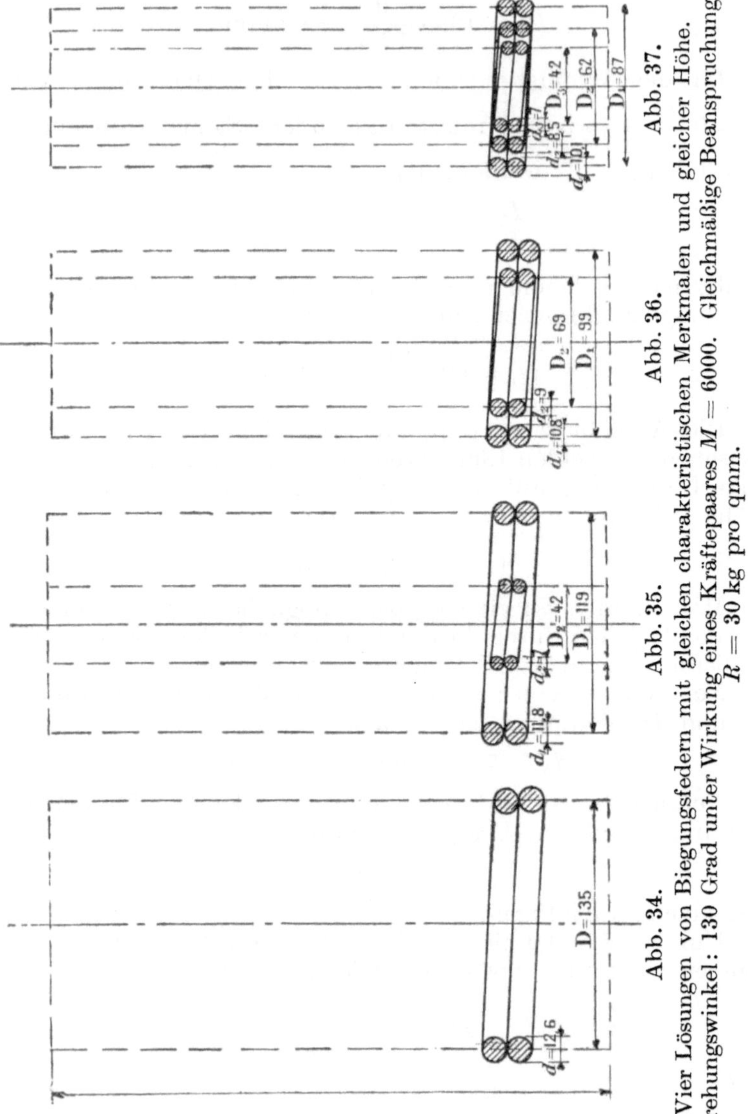

Abb. 34. Abb. 35. Abb. 36. Abb. 37.

Vier Lösungen von Biegungsfedern mit gleichen charakteristischen Merkmalen und gleicher Höhe. Drehungswinkel: 130 Grad unter Wirkung eines Kräftepaares $M = 6000$. Gleichmäßige Beanspruchung $R = 30$ kg pro qmm.

Der Spielraum zwischen den Elementen ist groß genug, um diese Werte annehmen zu können. Im entgegengesetzten Falle würde man sich einen anderen Drahtdurchmesser geben, von dem man einen anderen Wert von D_2 ableiten könnte, mit welchem dann der nötige Spielraum erreicht werden würde.

Wenn man dieses zweite angenommene Element mit $d_2 = 8{,}5$, für welches $\frac{I_2}{v_2} = 61{,}5$ ist, dem vorher bestimmten beifügt, so bleibt für das äußere Element ein Moment M_1 zu tragen übrig, und zwar unter der Bedingung, daß

$$\frac{M_1}{R} = \frac{M}{R} - \left(\frac{M_2}{R} + \frac{M_3}{R}\right) = \frac{I_1}{v_1}.$$

Dieses äußere Element muß dann aus einem Drahte derart gebildet werden, daß

$$\frac{I_1}{v_1} = 200 - (34{,}5 + 61{,}5) = 104$$

ist, also

$$d_1 = 10{,}12$$

und

$$D_1 = 42 \cdot \frac{10{,}12^2}{7^2} = 87 \text{ mm}.$$

Da nun die Drahtdurchmesser und die Aufwicklungsdurchmesser bestimmt sind, so ist es leicht, alle anderen Unbekannten für jedes Element zu finden, wie Länge des Drahtes, Zahl der Windungen, Gang für die Herstellung usw., wie für die einfache Feder.

Die Abb. 34 bis 37 stellen die Ergebnisse dieses Beispiels durch vier verschiedene Biegungsfedern dar, welche alle dieselben charakteristischen Merkmale und gleiche Höhe, aber verschiedene Raumbedarfe in bezug auf den Durchmesser haben.

Fünftes Kapitel.

Wirkungen der Ausdehnung oder Entspannung der Federn.

In den meisten praktischen Anwendungen spielt die eigene Masse der Federn keine Rolle. Wir lassen daher diese Voraussetzung in der jetzt folgenden Besprechung gelten, ebenso wie die Proportionalität zwischen den Druckkräften und den Biegungen, die diese hervorbringen.

Die erhaltenen Ergebnisse und die Folgerungen daraus sind daher für sämtliche Arten von Federn anwendbar (Blattfedern, gewundene Federn usw.).

Wir werden nur am Schluß den Einfluß der eigenen Masse der Federn bei der Ausdehnung derselben in Betracht ziehen und werden deren annähernden Wert für besondere Fälle, in welchen man gezwungen ist, diese in die Berechnung einzuschließen, bestimmen.

I. Einfache geradlinige Bewegung.

A. Wirkung einer Feder ohne jede äußere Beeinflussung.

Betrachten wir eine Feder, die auf eine Masse m wirkt, welche sie in der Achsrichtung verschieben soll.

Bezeichnen wir mit:

P den Anfangsdruck, welcher von der zusammengedrückten Feder ausgeführt wird.

F die Gesamtbiegung, welche durch diesen Druck hervorgebracht wird.

Nach einer gewissen Zeit hat die Masse m einen Weg x durchlaufen, und dadurch wird der Druck, den die Feder ausübt, in diesem Augenblicke

$$P_{(x)} = P \cdot \frac{F - x}{F}.$$

Wenn $v_{(x)}$ die augenblickliche Geschwindigkeit des Stückes ist, so hat man die Gleichung der Arbeit:

$$T_{(x)} = \frac{1}{2} m \cdot v_{(x)}^2 = \int_o^x P_{(x)} d x = \int_o^x P\left(\frac{F-x}{F}\right) d x ,$$

und danach

$$\frac{1}{2} m \cdot v_{(x)}^2 = P\left(x - \frac{x^2}{2F}\right),$$

aus welcher man die Geschwindigkeit ablenkt,

$$v_{(x)} = \sqrt{\frac{2P}{m}\left(x - \frac{x^2}{2F}\right)}.$$

Die Zeit, die die Masse benötigt, um diesen Weg zurückzulegen, kann leicht bestimmt werden, denn es ist bekannt, daß die Geschwindigkeit gleich dem Differential des Weges in bezug auf die Zeit ist.

Man hat daher:

$$d t = \frac{d x}{\sqrt{\frac{2P}{m}\left(x - \frac{x^2}{2F}\right)}} = \sqrt{\frac{mF}{P}} \cdot \frac{d x}{\sqrt{2 F x - x^2}}.$$

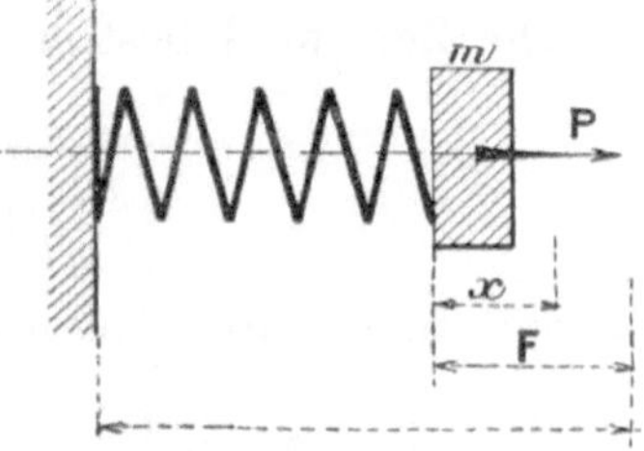

Abb. 38. Wirkung der Ausdehnung der Feder. (Einfache geradlinige Bewegung.)

Durch Integration erhält man die Zeit

$$t_{(x)} = \sqrt{\frac{mF}{P}} \arccos\left(1 - \frac{x}{F}\right).$$

Für die Gesamtausdehnung der Feder, d. h. für $x = F$, werden diese Werte

$$v = \sqrt{\frac{PF}{m}} \quad \text{und} \quad t = \frac{\pi}{2}\sqrt{\frac{mF}{P}}.$$

B. Einfluß einer konstanten äußeren Kraft, die in der Richtung ihrer Achse angreift, auf die Wirkung einer Feder.

Nennen wir φ diese konstante Kraft, oder die Mittelkraft dieser Kräfte, negative oder positive, je nachdem sie in demselben Sinne wie die Feder oder in entgegengesetzter Richtung wirken (Reibung, Scherkraft usw.).

Wenn man die Gleichung der Arbeit schreibt, so hat man in diesem Falle

$$\frac{1}{2} m v_{(x)}^2 = \int_0^x (P_{(x)} + \varphi)\, dx = \int_0^x [P \left(\frac{F - x}{F}\right) + \varphi]\, dx$$

$$\frac{1}{2} m v_{(x)}^2 = (P + \varphi)\, x - P \frac{x^2}{2F},$$

woraus man die erreichte Geschwindigkeit in irgendeinem Augenblicke ableitet:

$$v_{(x)} = \sqrt{\frac{2}{m}\left[(P + \varphi)\, x - P \frac{x^2}{2F}\right]}.$$

Die Zeit wird bestimmt durch die Formel

$$dt = \frac{dx}{\sqrt{\frac{2}{m}\left[(P + \varphi)\, x - P \frac{x^2}{2F}\right]}},$$

woraus man durch Integration erhält:

$$t_{(x)} = \sqrt{\frac{mF}{P}} \arccos\left(1 - \frac{P}{P + \varphi} \cdot \frac{x}{F}\right).$$

Für die Gesamtausdehnung werden diese Werte:

$$v = \sqrt{\frac{P + 2\varphi}{m} F}$$

und

$$t = \sqrt{\frac{mF}{P}} \arccos\left(1 - \frac{P}{P + \varphi}\right).$$

II. Geradlinige und gleichzeitige Drehbewegung.

Nehmen wir ein Stück an, welches gezwungen ist, sich in der Längsrichtung auf einer Schraubenfläche zu bewegen (Abb. 39). Dieses Stück kann entweder innerlich oder äußerlich sein.

C. Wirkung einer Feder ohne Reibung, die keinem äußeren Einflusse ausgesetzt ist.

Betrachten wir zunächst die Wirkung der Feder unter der Annahme, daß keine äußere Kraft ihre Wirkung beeinträchtigt.

Wenn wir wieder mit:

m die Masse des betreffenden Stückes bezeichnen,

I sein Trägheitsmoment in bezug auf die Achse,

und wenn wir uns auf die geleistete Arbeit durch die Ausdehnung der Feder beziehen, kann man die Gleichung der Arbeit schreiben:

$$P\left(x - \frac{x^2}{2F}\right) = \frac{1}{2}\, m v_{(x)}^2 + \frac{1}{2}\, \omega^2 I\, \frac{\delta}{g}.$$

Setzt man ω in Funktion von v und vom Gange p $\left(\text{also } \omega = \frac{\pi n}{30} = \frac{2\pi v}{p}\right)$ in die Gleichung ein, so erhält man

$$P\left(x - \frac{x^2}{2F}\right) = \frac{1}{2}\, m v_{(x)}^2 + \frac{1}{2}\left(\frac{2\pi v_{(x)}}{p}\right)^2 I\, \frac{\delta}{g}$$

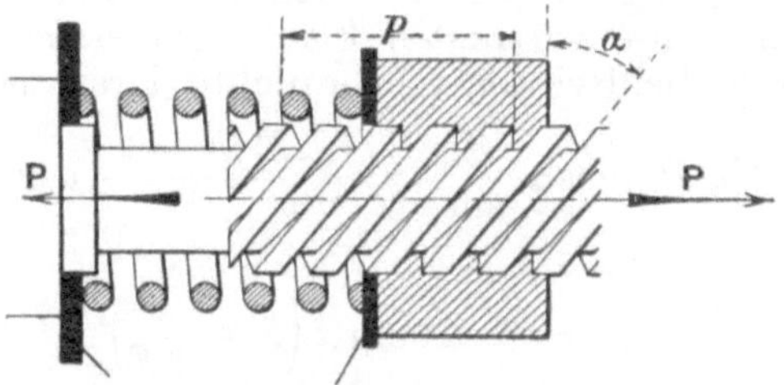

Abb. 39. Wirkung der Ausdehnung einer Feder.
(Geradlinige Bewegung bei gleichzeitiger Drehung.)

oder

$$P\left(x - \frac{x^2}{2F}\right) = \frac{v_{(x)}^2}{2}\left(m + \frac{4\pi^2 I}{p^2}\, \frac{\delta}{g}\right).$$

Wenn die Maße des Stückes bekannt sind, so können die Werte von m und I bestimmt werden.

Um das Lesen der Formeln zu erleichtern, bezeichnen wir mit ε den Wert der Klammer $\left(m + \frac{4\pi^2}{p^2}\, I\, \frac{\delta}{g}\right)$. Man kann daraus den Wert der erzielten Geschwindigkeit nach einem beliebigen durchlaufenen Weg ableiten

$$v_{(x)} + \sqrt{\frac{2P}{\varepsilon}\left(x - \frac{x^2}{2F}\right)}.$$

Die für die Ausdehnung nötige Zeit berechnet man nach der bekannten Formel $v = \frac{dx}{dt}$, und man erhält so:

$$t_{(x)} = \sqrt{\frac{\varepsilon F}{P}}\, \arccos\left(1 - \frac{x}{F}\right).$$

Für die Gesamtausdehnung, d. h. für $x = F$ hat man:

$$v = \sqrt{\frac{PF}{\varepsilon}} \quad \text{und} \quad t = \frac{\pi}{2}\sqrt{\frac{\varepsilon F}{P}}.$$

Dies sind dieselben Formeln, die wir für den ersten Fall erhalten haben, in denen aber der Wert m durch den Ausdruck ε, den wir oben bestimmt haben, ersetzt werden muß.

D. Einfluß der Reibung, welche durch den Druck auf die Schraubengänge entsteht.

Bezeichnen wir mit:

α den Steigungswinkel der mittleren Faser der Schraube auf eine zur Achse vertikalen Fläche gemessen.

Die durch die Reibung verbrauchte Kraft ist:

$$T_{(\mu)} = \sum \mu\, P_{(x)} \cos\alpha \frac{dx}{\sin\alpha} = \sum \frac{P(F-x)}{F} \mu \operatorname{cotg}\alpha\, dx,$$

wonach

$$T_{(\mu)} = P \cdot \mu \operatorname{cotg}\alpha \left(x - \frac{x^2}{2F}\right).$$

Die Gleichung der Arbeit wird dann zu:

$$P\left(x - \frac{x^2}{2F}\right) = \frac{1}{2} m v_{(x)}^2 + \frac{1}{2} \frac{4\pi^2}{p^2} v_{(x)}^2 I \frac{\delta}{g} + P\mu \operatorname{cotg}\alpha \left(x - \frac{x^2}{2F}\right)$$

oder

$$P(1 - \mu \operatorname{cotg}\alpha \left(x - \frac{x^2}{2F}\right) = \varepsilon \cdot \frac{v_{(x)}{}^2}{2},$$

woraus man zieht:

$$v_{(x)} = \sqrt{\frac{2P}{\varepsilon}(1 - \mu \operatorname{cotg}\alpha)\left(x - \frac{x^2}{2F}\right)}.$$

Man findet ebenfalls, daß

$$t_{(x)} = \sqrt{\frac{\varepsilon F}{P(1 - \mu \operatorname{cotg}\alpha)}} \arccos\left(1 - \frac{x}{F}\right).$$

Für die Gesamtausdehnung dieser Werte geben:

$$v = \sqrt{\frac{(P+\varphi)F}{\varepsilon}(1 - \mu \operatorname{cotg}\alpha)}$$

und

$$t = \frac{\pi}{2}\sqrt{\frac{2F}{(P+\varphi)(1 - \varphi \operatorname{cotg}\alpha)}}.$$

E. Einfluß einer konstanten äußeren Kraft.

In dem Falle, daß eine äußere konstante Kraft φ sich zu den verschieden schon besprochenen Einflüssen hinzugesellt, wird der Druck auf die Gewindegänge der Schraube $(P_{(x)} + \varphi)$ anstatt $P_{(x)}$ und die Reibungsarbeit wird danach

$$T_{(\mu)} = \int_0^x \mu \left(P_{(x)} + \varphi\right) \operatorname{cotg} \alpha \cdot dx .$$

Aber andererseits

$$P_{(x)} = \frac{P\,(F - x)}{F} = P - P\,\frac{x}{F} .$$

Indem man die Werte in die Gleichung einsetzt, und nach Integration erhält man:

$$T_{(\mu)} = (P + \varphi)\,\mu\, x \operatorname{cotg} \alpha - P\mu\,\frac{x^2}{2\,F} \operatorname{cotg} x .$$

Die Gleichung der Arbeit wird dann zu:

$$P \cdot x - P\,\frac{x^2}{2\,F} + \varphi\, x$$

$$= \frac{1}{2}\,\varepsilon\, v_{(x)}^2 + (P + \varphi)\,\mu\, x \operatorname{cotg} \alpha - P \cdot \mu\,\frac{x^2}{2\,F} \operatorname{cotg} \alpha ,$$

woraus man zieht

$$v_{(x)} = \sqrt{\left[\frac{2}{\varepsilon}\,(P + \varphi)\, x - P\,\frac{x^2}{2\,F}\right] (1 - \mu \operatorname{cotg} \alpha)} .$$

Man würde ebenso für die Zeit die Formel finden:

$$t_{(x)} = \sqrt{\frac{\varepsilon F}{P\,(1 - \mu \operatorname{cotg} \alpha)}} \arccos \left(1 - \frac{P}{P + \varphi} \cdot \frac{x}{2\,F}\right) .$$

In gewissen Anwendungen gibt man sich im voraus die Beziehung zwischen dem durchlaufenen Weg und der Anzahl der in der gleichen Zeit ausgeführten Drehungen, um die Fortbewegung und die gleichzeitige Drehung zu bestimmen, wonach man dann den für die Schraube nötigen Gang ableitet.

Die Formeln zeigen klar, daß, wenn dieser Wert von p festgesetzt ist, es immer von Vorteil ist, den Steigungswinkel α zu vergrößern, d. h., den Durchmesser zu verkleinern.

Auf alle Fälle muß man, damit die Bewegung stattfinden kann, immer annehmen, daß dieser Winkel einen solchen Wert hat, daß

$$\mu \operatorname{cotg} \alpha < 1 , \qquad \text{also daß} \qquad \mu < \operatorname{tg} \alpha$$

ist.

Durch die Ausdehnung einer Feder hervorgebrachte Wirkungen.

Durch die Feder geleistete Arbeit	Teilweise Ausdehnung für den Weg x. $T_{(x)} = P\left(x - \frac{x^2}{2F}\right)$	Gesamtausdehnung für den Weg F. $T = \frac{P \cdot F}{2}$

1. Einfache geradlinige Bewegung.

m = Masse.
P = Anfangsdruck für die Biegung F.

φ = Konstante äußere Kraft längs der Achse.
x = zurückgelegter Weg.

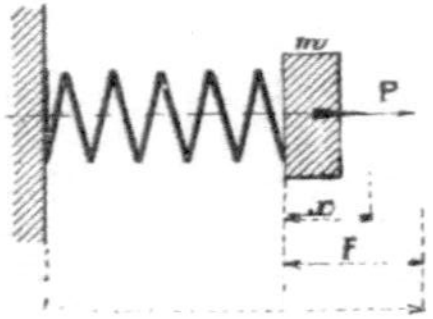

Unbelastete Feder

$v_{(x)}$ = Geschwindigkeit nach dem Wege x.
$t_{(x)}$ = Angewendete Zeit, um den Weg x zu durchlaufen.
v = Geschwindigkeit nach dem Wege F.
t = Angewendete Zeit, um den Weg zurückzulegen.

(A) Wirkung der Feder ohne Reibung und ohne äußere Kraft.	$v_{(x)} = \sqrt{\frac{2P}{m}\left(x - \frac{x^2}{2F}\right)}$ $t_{(x)} = \sqrt{\frac{mF}{P}} \arccos\left(1 - \frac{x}{F}\right)$	$v = \sqrt{\frac{P \cdot F}{m}}$ $t = \frac{\pi}{2}\sqrt{\frac{mF}{P}}$
(B) Wirkung der Feder mit konstanter äußerer Kraft (Reibung, Schwerkraft usw.).	$v_{(x)} = \sqrt{\frac{2}{m}\left[(P + \varphi)\, x - P \cdot \frac{x^2}{2F}\right]}$ $t_{(x)} = \sqrt{\frac{mF}{P}} \arccos\left(1 - \frac{P}{P+\varphi}\frac{x}{F}\right)$	$v = \sqrt{\frac{(P + 2\varphi)\, F}{m}}$ $t = \sqrt{\frac{mF}{P}} \arccos\left(1 - \frac{P}{P+\varphi}\right)$

2. Geradlinige und gleichzeitige Drehbewegung.

p = Gang der Führungsschraube.
α = Steigungswinkel.
μ = Reibungskoeffizient.
I = Trägheitsmoment des Körpers.

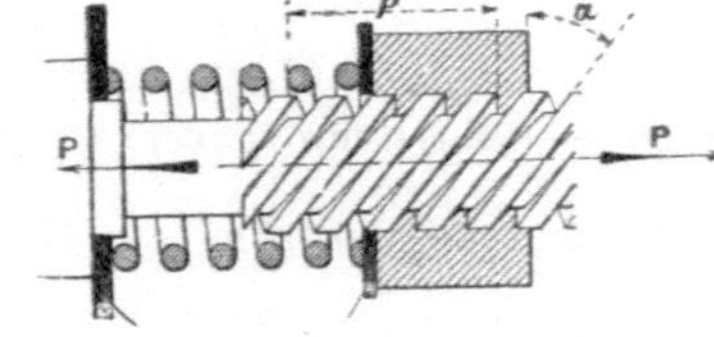

Auflageflächen ohne Reibung

δ = Dichtigkeit.
g = Beschleunigung durch die Schwerkraft.

$$\varepsilon = m + \frac{4\pi^2}{p^2} I \frac{\delta}{g}$$

(C) Wirkung der Feder ohne Reibung und ohne äußere Kraft.	$v_{(x)} = \sqrt{\frac{2P}{\varepsilon}\left(x - \frac{x^2}{2F}\right)}$ $t_{(x)} = \sqrt{\frac{\varepsilon F}{P}} \operatorname{arc\,cos}\left(1 - \frac{x}{F}\right)$	$v = \sqrt{\frac{PF}{\varepsilon}}$ $t = \frac{\pi}{2}\sqrt{\frac{\varepsilon F}{P}}$
(D) Wirkung der Feder mit Reibung auf die Gewindegänge.	$v_{(x)} = \sqrt{\frac{2P}{\varepsilon}\left(x - \frac{x^2}{2F}\right)(1 - \mu \operatorname{cotg}\alpha)}$ $t_{(x)} = \sqrt{\frac{\varepsilon F}{P(1 - \mu \operatorname{cotg}\alpha)}} \operatorname{arc\,cos}\left(1 - \frac{x}{F}\right)$	$v = \sqrt{\frac{PF}{\varepsilon}(1 - \mu \operatorname{cotg}\alpha)}$ $t = \frac{\pi}{2}\sqrt{\frac{\varepsilon F}{P(1 - \mu \operatorname{cotg}\alpha)}}$
(E) Wirkung der Feder mit Reibung auf die Gewindegänge und mit äußerer Konstantenkraft.	$v_{(x)} = \sqrt{\frac{2}{\varepsilon}\left[(P+\varphi)x - \frac{Px^2}{2F}\right](1 - \mu \operatorname{cotg}\alpha)}$ $t_{(x)} = \sqrt{\frac{\varepsilon F}{F(1 - \mu \operatorname{cotg}\alpha)}} \operatorname{arc\,cos}\left(1 - \frac{P}{P+\varphi}\frac{x}{F}\right)$	$v = \sqrt{\frac{(P + 2\varphi)}{\varepsilon} F (1 - \mu \operatorname{cotg}\alpha)}$ $t = \sqrt{\frac{\varepsilon F}{P(1 - \mu \operatorname{cotg}\alpha)}} \operatorname{arc\,cos}\left(1 - \frac{P}{P+\varphi}\right)$

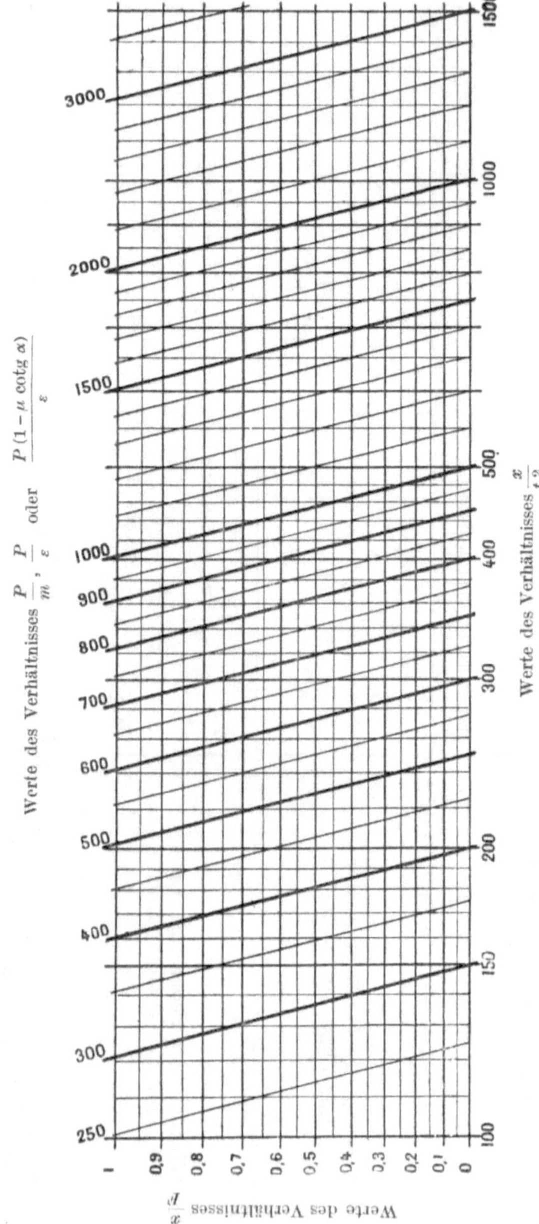

Graphische Darstellung Nr. 13. Dauer der teilweisen oder Gesamtausdehnung einer Feder.

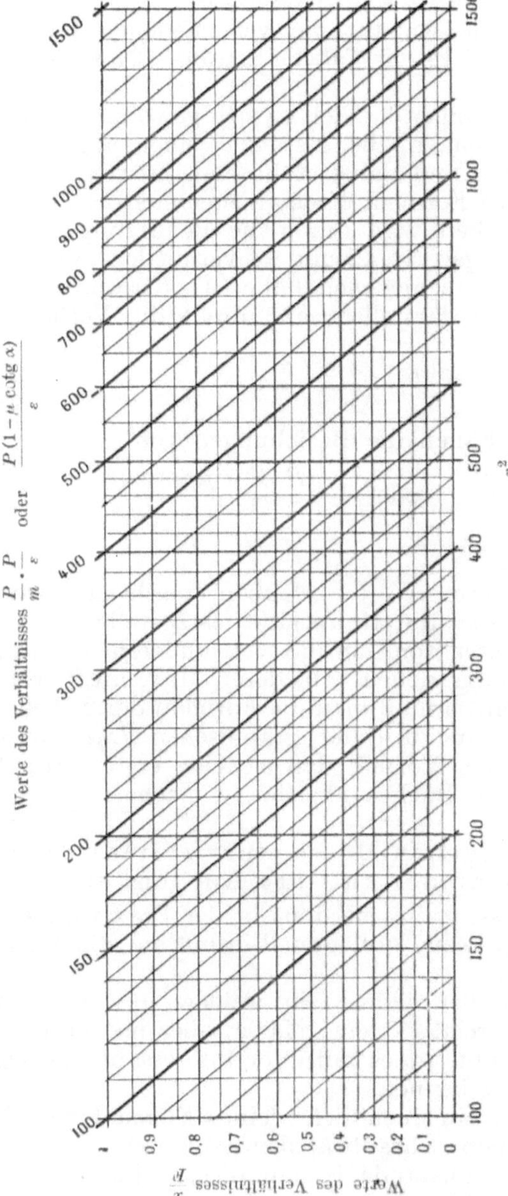

Graphische Darstellung Nr. 14. Durch die teilweise oder gesamte Ausdehnung angenommene Geschwindigkeit.

Formeltabelle und graphische Darstellungen.

Die Formeln, die wir für die verschiedenen Fälle besprochen haben, sind in der Tabelle S. 136—137 zusammengestellt.

Bei den Anwendungen handelt es sich gewöhnlich darum, eine Feder zu berechnen, die gestattet, einen angegebenen Zweck zu erreichen, und dabei stößt man meistens auf die Schwierigkeit, diese Formeln direkt ausrechnen zu müssen.

Diese Schwierigkeit wird durch die Benutzung der graphischen Darstellungen Nr. 13 und 14 vermieden, welche die Werte der für die verschiedenen Fälle (A), (C) und (D) umgeänderten Formeln darstellen, um direkt die Verhältnisse

$$\frac{v_{(x)}^2}{x}, \quad \frac{x}{t_{(x)}^2}, \quad \frac{\mathrm{X}}{F},$$

und je nach den Fällen die Beziehungen von

$$\frac{P}{m}, \quad \frac{P}{\varepsilon} \quad \text{oder} \quad \frac{P(1-\mu \operatorname{cotg}\alpha)}{\varepsilon}$$

zu bestimmen.

Die so bestimmten Werte erlauben, rasch die anderen Unbekannten für die drei Hauptfälle festzustellen.

Wenn man weiter den Einfluß von äußeren konstanten Kräften in Rechnung ziehen will, deren Mittelkraft wir mit φ bezeichnet haben, so muß man die Formeln der Tabelle benutzen, aber die Angaben der graphischen Darstellungen bieten immerhin den Vorteil, daß sie eine erste Grundlage geben und so langes Suchen überflüssig machen.

Einfluß der eigenen Masse einer zylindrischen Schraubenfeder auf ihre Ausdehnung.

Die eigene Masse kann meistens in der Praxis unberücksichtigt bleiben in bezug auf ihren Einfluß auf die Wirkung ihrer Ausdehnung.

In gewissen Fällen jedoch, in welchen die Feder ihre Wirkung auf eine relativ kleine Masse, aber mit großer Geschwindigkeit ausübt, ist es mitunter interessant, die Größe dieser Wirkung zu kennen.

Betrachten wir ein unendlich kleines Element der Masse dm' einer gegebenen Schraubenfeder (Abb. 40).

Die Kraft, die imstande ist, in diesem Punkte diesem Elemente eine Beschleunigung zu geben, ist $j \cdot dm'$.

Die Kraft p', welche am Ende des Drahtes angreifend die gleiche Beschleunigung dem betreffenden Elemente geben würde, wenn man die Biegungskräfte, welche durch die Trägheit selbst in Wirkung treten können, unberücksichtigt läßt, würde dann sein:

$$p' = j \frac{x}{L} dm'$$ [1].

Andererseits, wenn J die Beschleunigung am Ende der Feder bedeutet, so hat man selbstverständlich:

$$\frac{j}{x} = \frac{J}{L}, \quad \text{wonach} \quad j = \frac{J}{L} x,$$

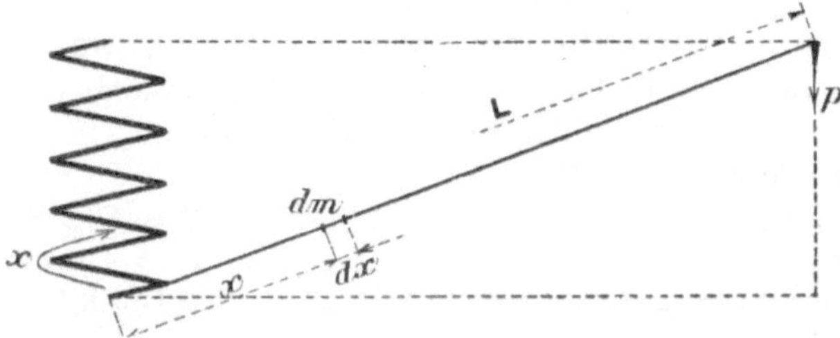

Abb. 40. Wirkung der eigenen Masse einer zylindrischen Schraubenfeder auf ihre Ausdehnung.

und wenn man diese in die Gleichung von p' einführt, erhält man:

$$p' = \frac{J}{L^2} x^2 dm'.$$

Bezeichnet man mit m' die Gesamtmasse der Feder, wenn der Querschnitt des Drahtes konstant ist, so hat man:

$$\frac{dm'}{dx} = \frac{m'}{L}$$

und folglich

$$p' = \frac{Jm'}{L^3} x^2 dx,$$

[1]) Diese Anfangsformel von $p' = \frac{jx}{L} dm'$ ist selbstverständlich nicht ganz genau. Man kann sie jedoch in der Praxis als annähernd genug betrachten, um eine Idee von ihrer Größe zu haben, wenn man, wie oben angegeben, die Wirkung der Biegungskräfte des Drahtes vernachlässigt, welche eben diese Masse hervorbringt, und welche die durch die Verdrehung allein hervorgebrachten elementaren Formänderungen bedeutend beeinflussen.

wovon man den Wert der gesamten angenommenen Kraft ableiten kann:

$$\sum p' = \frac{J m'}{L^3} \int_0^L x^2 \, d x = \frac{1}{3} m' J .$$

Dieser Ausdruck zeigt, daß:

„der Einfluß der eigenen Masse einer sich ausdehnenden zylindrischen Schraubenfeder als ungefähr gleich der einer Masse, welche ein Drittel der ersteren ist und ihre Wirkung am Ende des Drahtes ausüben würde, zu betrachten ist".

Berechnungsbeispiel.

1. Einfache geradlinige Bewegung.

Es soll eine Feder berechnet werden, welche ein Ventil (Abb. 41) in einer bestimmten Zeit schließt.

Bezeichnen wir mit:

Verschlußzeit	$t = {}^5/_{100}$ Sekunde
Weg	$x = 4$ mm
Gewicht des ganzen Ventils	0,150 kg.

Nach diesen wenigen Angaben kann man eine große Anzahl von Lösungen für diese Aufgabe finden.

Wenn wir die Reibung und auch die Schwerkraft unberücksichtigt lassen, so gibt uns die graphische Darstellung Nr. 13 sofort die verschiedenen Werte von $\frac{x}{F}$ und $\frac{P}{m}$, mit welchen man die Gleichung der Zeit auflösen kann. Die graphische Darstellung Nr. 14 gibt durch das Verhältnis von $\frac{v^2_{(x)}}{x}$, welche den Werten von $\frac{x}{F}$ und $\frac{P}{m}$, welche wir vorher angenommen haben, entsprechen, die Geschwindigkeit, welche man nach dem Wege x erhalten würde, wenn das Ventil ganz frei der Wirkung der Feder unterworfen wäre.

Wir haben

$$\frac{x}{t^2_{(x)}} = \frac{4 \cdot 100^2}{5^2} = 1600.$$

Dieser Wert ist nicht in der graphischen Darstellung Nr. 13 enthalten, aber da die Werte von $\frac{x}{t^2_{(x)}}$ und $\frac{P}{m}$ proportional sind, so lesen wir die Werte, die $\frac{x}{t^2_{(x)}} = 160$ anstatt 1600 entsprechen, ab, und wir multiplizieren dann die von $\frac{P}{m}$ mit 10, indem wir die von $\frac{x}{F}$ beibehalten.

Wir sehen dann, daß für

$$\frac{x}{F} = 0{,}1, \quad \frac{P}{m} = 325 \cdot 10 = 3250$$

wird, wonach

$$F = \frac{4}{0{,}1} = 40 \text{ mm} \quad \text{und} \quad P = 3250 \cdot \frac{0{,}15}{9{,}81} = 49{,}5 \text{ kg}$$

werden.

Wir machen hier darauf aufmerksam, daß der Einfluß des veränderlichen Wertes von $\frac{x}{F}$ auf den Druck P ziemlich gering ist, welchen die Feder haben muß.

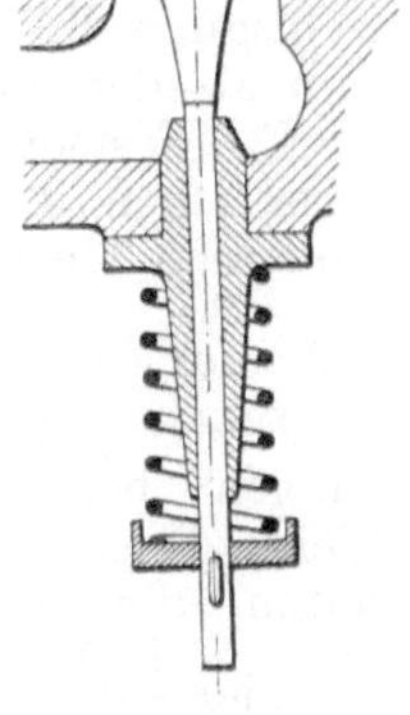

Abb. 41. Verschluß eines durch Feder gesteuerten Ventils.

Man würde z. B. finden, daß mit $\frac{x}{F} = 0{,}2$ anstatt 0,1 der entsprechende Wert von P gleich 3300 anstatt 3,250 sein würde, wonach daher der Druck P nur wenig höher als der für $\frac{x}{F} = 0{,}01$ gefundene sein würde.

Wenn die bestimmte Zeit nur sehr gering ist, so kann man sich einfach den Wert von $\frac{x}{F}$ geben und danach P bestimmen, welches eben auch sehr gering sein wird, da in Wirklichkeit die vorgesehene Bewegung absichtlich durch die Knaggen verändert wird, um den Aufschlag bei Beendigung des Weges zu verringern oder zu vermeiden. Hierdurch wird man natürlich veranlaßt, eine stärkere Feder als die berechnete anzuwenden. Die Beschleunigung ist daher am Anfange der Bewegung größer und erlaubt somit für dieselbe Zeit am Ende der Bewegung eine Verlangsamung, welche durch die Steurungsknaggen verursacht wird.

Man wird ferner noch merken, daß in der Praxis die Schwerkraft und die Reibung wenig Einfluß auf die Bestimmung der nötigen Kraft P haben. Man könnte sonst, wenn das nicht der Fall wäre, das Ergebnis der Berechnung durch Anwendung der Formel B verbessern.

Dagegen kann man feststellen, daß die eigene Masse der Feder mitunter einen größeren Einfluß haben kann, je nach ihrer Wichtigkeit im Verhältnis zu dem betreffenden Stück. Es genügt, um dies annähernd zu berücksichtigen, daß man, um P zu bestimmen, sich auf eine gleich der des betreffenden Organs angenommene Masse, erhöht um ein Drittel der der Feder, stützt, also auf $m + \frac{m'}{3}$ anstatt auf m.

In dem hier betrachteten Fall kann die Berechnung der Feder uns zu einem Gewicht führen, welches ebenso groß oder noch größer als das des Ventils ist. Die Masse m' der Feder kann dann nicht mehr unberücksichtigt bleiben im Verhältnis zu m, und der Druck P, welchen nach dieser Berichtigung die Feder ausüben würde, würde bedeutend größer sein als der, den wir anfangs festgesetzt haben.

Die Festsetzung von F und P bestimmt daher die charakteristischen Merkmale der Feder, welche nach der vorhergehenden Methode berechnet werden kann.

2. Geradlinige und gleichzeitige Drehbewegung.

Die graphischen Darstellungen bieten dieselben Erleichterungen bei Anwendung für geradlinige Bewegung mit gleichzeitiger Drehung. Es genügt, um den Wert P abzuleiten, die Werte, je nach den betreffenden Fällen, von $\frac{P}{\varepsilon}$ oder $\frac{P(1 - \operatorname{cotg}\alpha)}{\varepsilon}$, anstatt von $\frac{P}{m}$ abzulesen.

Sechstes Kapitel.

Allgemeine Bemerkungen über die gewundenen Federn und Schlußfolgerungen.

Wir haben schon angegeben, daß bei allen gewundenen Federn, sei es nun für Federn gegen Zug, Druck oder Stoß oder gegen Biegung, das Verhältnis t zwischen dem Aufwicklungsdurchmesser und dem Maße des zur Federachse winkelrechten Querschnittes nicht unter einer gewissen praktischen Grenze liegen darf, um zu vermeiden, daß bei der Herstellung das Material übergroßen Beanspruchungen durch Formänderungen ausgesetzt ist.

Es erscheint uns hier nützlich, um die Wichtigkeit dieser Bemerkung hervorzuheben, an zwei Feststellungen, die oft bei der Herstellung von Federn gemacht werden, und ihre Gründe zu erinnern. Zunächst handelt es sich um eine sehr auffallende Formänderung des Querschnittes des Drahtes oder Stabes, und dann um zahlreiche Brüche, die in einigen Federn vorkommen, und die ganz anomal erscheinen.

Formänderung des Querschnittes des Drahtes oder des Stabes.

Diese Formänderung zeigt sich besonders bei Drähten von quadratischen oder rechteckigen Querschnitten, wenn der Aufwicklungsdurchmesser r ziemlich klein ist. Der Querschnitt verändert sich während der Aufwicklung zu einem verbogenen Schnitt mit einem nach der Achse zu gewölbten Teile. Das kommt daher, daß die Aufwicklung des Drahtes in den von der Aufwicklungsachse entfernten Fasern Zugspannungen und in den entgegengesetzten Druckspannungen hervorbringt. Da die Raumteilchen selbstverständlich nicht ihren Rauminhalt verändern können, so müssen die positiven oder negativen Formänderungen selbstverständlich transversale Zusammenziehungen in den von der Achse entfernten Faserflächen, die Zugspannungen ausgesetzt sind, und andererseits eine Ausdehnung in die Breite bei den Faserflächen, die Druckspannungen ausgesetzt sind, hervorbringen.

Da die Raumteilchen von zwei benachbarten Flächen nicht aufeinandergleiten können (was einem Abscheren gleichkommen würde), so nehmen diese Faserflächen die Form von nach der Achse der Feder zu konzentrischen Kurven, und hieraus entsteht nach der Aufwicklung der verbogene Schnitt. Die Fläche der mittleren Fasern behält dagegen ihre ursprüngliche Länge.

Die Formänderungen entstehen natürlich in allen Arten von Querschnitten, also auch bei kreisförmigen, aber ihr Einfluß tritt besonders bei quadratischen und rechteckigen Formen hervor, in welchen man sie am besten feststellen kann. Diese Formänderung ist selbstverständlich von dem Querschnitt des Drahtes oder Stabes und von dem Aufwicklungsdurchmesser abhängig.

Man kann diese Formänderung bei quadratischen Querschnitten, bei welchen sie sich am stärksten zeigt, wenigstens teilweise verhindern durch Anwendung eines verbogenen Querschnittes mit Biegung in entgegengesetzter Richtung zu der vorausgesehenen Formänderung. Diese Verbiegung kann gleich bei der Herstellung des Drahtes vorgenommen werden oder aber bei der Herstellung vor der Aufwicklung. Es ist auch zu empfehlen, die Winkel etwas abzurunden, um Zerreißungen zu vermeiden.

Bruch und neuer Zustand des Metalls nach der Herstellung auf kaltem Wege.

Wir haben für die graphischen Darstellungen $E = 20000$ und 21000 angenommen, aber mit der Bemerkung, daß für gewisse Metalle dieser Wert infolge der Verarbeitung mitunter 24000 und nach der Härtung selbst 27000 erreichen kann.

Dagegen bei der Herstellung auf kaltem Wege von gewissen Federn wird durch die Art der Herstellung das Metall, aus welchem der Draht besteht, Beanspruchungen ausgesetzt, welche die Elastizitätsgrenze überschreiten, und welche ihm dann eine bleibende Form geben, welche die Herstellungsform ist.

Hierdurch wird also das ursprüngliche Metall sozusagen in ein anderes, welches von dem ersteren abweichende elastische Eigenschaften hat, verwandelt.

Diese in sich sehr verwickelte Umwandlung ist schon von verschiedenen Forschern untersucht worden.

Die Ergebnisse dieser Untersuchungen gestatten die Schlußfolgerung, daß man einen neuen Zustand des Metalls hervorbringt, wenigstens was den Stahl anbelangt, ein Zustand, welcher ihm eine etwas höhere als die ursprüngliche Elastizitätsgrenze gibt, während der Elastizitätskoeffizient merklich derselbe bleibt. Es ist jedoch festgestellt, daß das so veränderte Metall weniger für Federn, welche Stößen zu widerstehen haben, geeignet ist.

Bei dieser Umwandlung findet man aber noch verschiedene andere verwickelte Erscheinungen, wie z. B. eine Art von Sprödigkeit des Metalls, durch welche es zerbrechlicher wird, Erscheinungen, welche die charakteristischen Eigenschaften des Metalls tiefer beeinflussen, als wir vorher angegeben haben.

Jedenfalls kann aus den Versuchen der Schluß gezogen werden, daß der lebendige Elastizitätswiderstand des so umgewandelten Metalls leicht erhöht, aber daß dagegen der lebendige Widerstand gegen Bruch sehr verringert wird.

Das umgewandelte Metall ist jedenfalls viel weniger als in seinem ursprünglichen Zustande imstande, einem zufälligen starken Stoß zu widerstehen, durch welchen die Elastizitätsgrenze überschritten wird.

Man sieht sich daher mitunter veranlaßt, für diese Art von Herstellung einen Wert E, der um 5 bis 10% kleiner ist als der für das Metall in natürlichem Zustande, anzunehmen.

Man muß eben den Zustand der größeren Zerbrechlichkeit in Rechnung ziehen, und man tut dies, indem man eine größere Spanne für die Sicherheit annimmt.

Dagegen sei daran erinnert, daß das Metall, welches eine erste Umwandlung durchgemacht hat, durch Durchglühen seinen früheren Zustand zurückerhalten kann, aber unter der Voraussetzung, daß die Formänderung nicht die Grenze erreicht hat, bei der sich der Vorgang der Verzerrung einstellt.

Vergleich der Gewichte der verschiedenen Federarten.

Nach den Besprechungen über die wichtigsten Federarten glauben wir durch den Vergleich der nützlichen Gewichte des nötigen Materials, bei gleichen Spannungsbedingungen und bei Querschnitten gleicher Art, die Form von Federn feststellen zu können, die charakteristischen Merkmalen oder einer gegebenen halben lebendigen und aufgespeicherten Kraft entsprechen.

Gewichtsvergleich der verschiedenen Federarten.

Federart		Ausführung	Gewicht	Anm.
Biegungsfedern	Blattfedern, normaler Typ, mit gleichmäßig geschichteten Blättern von gleicher Dicke		2,4	[1]
Federn für Zug, Druck und Stoß	Zylindrische Schraubenfeder	runder Draht	1	
		quadratischer Draht	1,6	
		rechteckiger Draht	1,6 bis 1,9	[2]
		elliptischer Draht	1 bis 2	[2]
	Konische Schraubenfeder	runder Draht	1 bis 2	[3]
		quadratischer Draht	1,6 bis 3,2	[3]
		rechteckiger Draht	1,6 bis 3,8	[2] [3]
		elliptischer Draht	1 bis 4	[2] [3]
Federn für Drehung	Spiralfedern, gewundene Federn usw.	runder oder elliptischer Draht	3,2	
		quadratischer und rechteckiger Draht	2,4	

[1]) Dieser Wert ist ein Minimum, er nimmt um so mehr zu, je mehr sich die Feder von dem normalen Typ entfernt.

[2]) Veränderlich je nach dem Werte des Verhältnisses von $\frac{a}{b}$ der Maße des Querschnittes.

[3]) Veränderlich je nach dem Werte von $\frac{D_1}{D}$ der äußeren Aufwicklungsdurchmesser.

Wenn man für den gleichen Grad von Sicherheit die mittleren Werte: $G' = 2/5\,E$ und $R' = 4/5\,R$ annimmt, so findet man, daß die ökonomischste Art in bezug auf Gewicht die zylindrische Schraubenfeder aus rundem Drahte ist.

Für gleiche halbe lebendige Kraft T oder dieselben charakteristischen Merkmale würden die Rauminhalte oder die nötigen Gewichte, wenn man als Basis den Rauminhalt und das Gewicht einer zylindrischen Schraubenfeder aus rundem Drahte annimmt, diejenigen sein, welche in der nebenstehenden Tabelle angegeben sind.

Der Vergleich dieser Gewichte kann mitunter einen gewissen Einfluß auf die Wahl der Federart haben, ohne daß man jedoch darüber die anderen Betrachtungen vernachlässigen darf.

Einige Werte und praktische Angaben über die Metalle, welche in der Federherstellung angewendet werden.

Unter den Metallen, welche sich am besten für die Herstellung von Federn eignen, wird Stahl am meisten verwendet.

In besonderen Fällen, für welche Stahl nicht angewendet werden kann, verwendet man gewöhnlich Messing oder sonstige Kupferlegierungen.

Stähle, Pianofortesaiten genannt.

Diese Stähle, gewöhnlich Nickelstähle oder mitunter einfache Kohlenstoffstähle, aber von ganz besonderer Qualität, werden gehärtet geliefert, um in kaltem Wege direkt zu Federn verarbeitet zu werden. Ihr Widerstand gegen Bruch ist sehr verschieden und bewegt sich zwischen den Grenzen von 110 kg pro qmm für die großen Durchmesser, bis zu 260 kg pro qmm für die kleinen Durchmesser.

Man findet im Handel Klaviersaiten von 5/100 mm bis zu 13 mm Durchmesser.

Bei über 8 mm Durchmesser ist die Elastizitätsgrenze niedriger als die der anderen besonders verarbeiteten Stahlsorten.

Dieselbe Qualität von Stahl gibt es auch in rechteckigem Querschnitt im Handel; wird besonders für die Herstellung von Spiralfedern verwendet.

Härtungsstähle.

Im Gegensatz zu den vorhergehenden Stahlsorten werden diese nach ihrer Verwandlung in Federn gehärtet. Zu dieser Klasse gehören:

die halbharten Kohlenstoffstähle, welche vor der Härtung eine Widerstandskraft von 65 bis 70 kg haben;

die harten Kohlenstoffstähle, welche vor der Härtung eine Widerstandskraft von 85 bis 90 kg pro qmm haben.

Nach der Härtung schwankt ihr Widerstand zwischen 120 kg für die dicken Drähte und 160 kg für die kleinen von 5 mm, welche gewöhnlich als Minimum angewendet wird.

Mangankieselstähle.

Diese Stähle von gleicher Widerstandskraft wie die vorhergenannten haben bedeutend größere Elastizitätseigenschaften, weshalb man sie für viele Anwendungen vorzieht.

Messing und besondere Kupferlegierungen.

Diese Legierungen sind bedeutend weniger elastisch als Stahl. Man wendet sie gewöhnlich in den Fällen an, in welchen besondere Gründe den Stahl ausschließen.

Widerstandskraft.

Die größte Beanspruchung, die man in der Praxis für Federn zulassen kann, darf bei der größten Formänderung die folgenden Werte nicht übersteigen:

Für Stahldraht von weniger als 2 mm Durchmesser	$R = 80$ kg
Für Stahldraht von mehr als 2 mm Durchmesser bis zu den dicksten, stufenweise ansteigend, zwischen	80 bis 60 kg
Für Messingdraht und besondere Kupferlegierungen	R verschieden

Elastizitätsmodul.

In den Biegungsfedern und den gewundenen Biegungsfedern (in welchen das Metall durch Biegung beansprucht wird) kann man gewöhnlich als Wert des Elastizitätsmoduls die folgenden Zahlen annehmen:

Für Stahl	$E = 20000$
Für Messingdraht	$E = 8500$
Für gewisse Kupferlegierungen	E verschieden

In den gewundenen Zug-, Druck- und Stoßfedern, in welchen das Metall durch Verdrehung arbeitet, haben wir in den Besprechungen für das Elastizitätsmodul in den graphischen Darstellungen den Wert $G' = 8000$, der von den meisten Autoren übernommen ist.

Indessen ergibt die Praxis häufig, daß diese Zahl ungenau ist, je nach den Qualitäten des Metalls und, für gleiche Qualität, je nach den Maßen des Querschnittes.

Wir denken, daß die folgenden Werte, die oft bei praktischen Anwendungen festgestellt worden sind, vorzugsweise benutzt werden können:

Für Nickelstahl (Klaviersaiten)
bis zu 2 mm Durchmesser . . . . . $G' = 7800$ bis 7900
Durchmesser von 2 bis 6 mm . . . $G' = 7800$
Durchmesser von 6,5 bis 10 mm . . $G' = 7700$
Durchmesser von 11 bis 13 mm . . $G' = 7600$

Für gehärtete Stähle:
bis zu Durchmessern von 6 bis 14 mm. $G' = 7800$
von 15 bis 18 mm . . . . $G' = 7700$
von mehr als 18 mm . . . . $G' = 7600$

Für Stahldraht mit quadratischem und rechteckigem Querschnitt von gleicher Qualität darf man nur nehmen $G' = 7700$ bis 7500

Für Messing und besondere Kupferlegierungen . . . . $G' = 2400$ bis 4000

Man hat daher die Ergebnisse der gemachten Berechnungen unter Benutzung der graphischen Darstellungen, in welchen der Wert von G' einbegriffen ist, zu berichtigen.

Diese Berichtigung ist sehr einfach, wenn man in Betracht zieht, daß für einen Drahtquerschnitt oder eine gegebene Beanspruchung der Wert von G' nur einen Einfluß auf die Biegung selbst und die Biegsamkeit hat. Die Veränderlichkeit von G' führt dann einfach zu einer proportionalen Verlängerung des notwendigen Drahtes.

Besondere graphische Darstellungen.

Für die direkte Bestimmung im Falle von Berechnungen, die sich oft wiederholen, ist es leicht und oft sehr nützlich, eine graphische Darstellung zusammenzustellen für die besondere Qualität des Metalles, in der man dann, wenn nötig, die Veränderlichkeit von G' nach den Maßen des Querschnittes, wie oben angegeben, berücksichtigen kann.

ERBE
FEDERN
jeder Art
J. P. GRUEBER
SPEZIAL-FEDERNFABRIKEN
HAGEN I. W.

von
60 t
Stoßkraft
werden 58,5 t hier verzehrt
also nur 1,5 t
Rückdruck
bei Verwendung der
Mohr-Reibungsfeder
97,5% Stoßverzehr.
Vereinigte Westdeutsche Waggonfabriken A.-G. Köln

SPRINGER-VERLAG BERLIN HEIDELBERG GMBH

Schmiermittel und ihre richtige Verwendung

Ein Hilfsbuch bei der Auswahl und Beurteilung eines geeigneten Schmiermittels für Maschinenbesitzer, Betriebsleiter, Einkäufer und Ölhändler

Von

Dr. Curt Ehlers, Hamburg

Mit 4 Diagrammen im Text. Geheftet RM 8.—, gebunden RM 10.—

Sprechsaal: Das Buch gibt in gedrängter Kürze einen Überblick über die Schmiermittel und ihre Verwendung. Vielfach sind gerade über die letzteren Ansichten verbreitet, die von Sachlichkeit und Materialkenntnis weit entfernt sind, und so wird denn oft auf den Einkauf und die Wahl der Schmieröle nicht jene Sorgfalt verwandt, wie sie der Bedeutung dieser Bedarfsstoffe der Maschinen entspricht. Der Verfasser hat nun sein Buch dementsprechend eingestellt und behandelt nach allgemeinen Bemerkungen über Mineralschmieröle zunächst wichtige analytische Eigenschaften der letzteren. Von großem praktischen Wert sind die Abschnitte über den Öleinkauf, den Schmiervorgang und die spezielle Verwendung der Mineralschmieröle; hier zeigt der Verfasser, wie das Schmiermittel für eine bestimmte Maschine beschaffen sein muß und worauf es ankommt. In den weiteren Abschnitten sind behandelt: Schmiermittel, die unter Verwendung von Mineralölen hergestellt sind, Ölrückstände, die Wiederverwendung gebrauchter Öle und als Anhang die Zusätze zu Schmiermitteln. Wer mit Schmiermitteln oder Maschinen irgendwelcher Art zu tun hat, wird dieses Buch willkommen heißen, denn nicht nur schrieb es ein praktischer Fachmann, sondern es ist auch so allgemeinverständlich, daß jeder es gern liest. Eine derartige praktische und übersichtliche Schilderung der Schmiermittel ist dem Referenten noch nicht bekannt geworden.